"十二五"职业教育国家规划教材 修订版

经全国职业教育教材审定委员会审定

U0168304

机电一体化设备组装与调试

第 2 版

主　编　梁倍源　　王永红　　廖智如

参　编　高　峰　　陈汉忠　　杜　文　　田建辉

主　审　杨　志

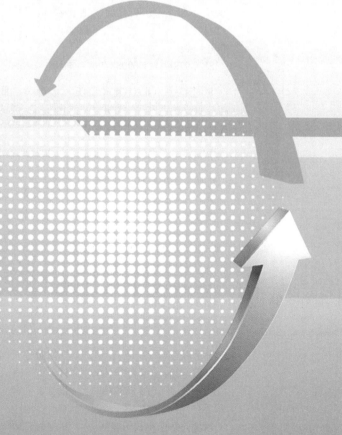

机械工业出版社

CHINA MACHINE PRESS

本书是"十二五"职业教育国家规划教材修订版。本书主要介绍 YL-235A 型光机电一体化设备的组装与调试,项目 1 为送料机构的组装与调试,项目 2 为机械手的组装与调试,项目 3 为物料传送及分拣机构的组装与调试,项目 4 为系统组态与调试,项目 5 为工程实践。本书内容在第 1 版的基础上:①添加了 PLC 的 ST 语言应用,以适应职业院校技能大赛对 PLC 功能多变及模块化编程的特点;②增加了昆仑通态触摸屏知识。本书强调培养学生的知识与技能、学习态度与团队意识、工作与职业操守的能力。

本书可作为职业院校机电、电气类专业教材,也可作为机电、电气工作岗位相关培训教材。

为了便于教学,本书配套有电子教案、助教课件、教学视频(以二维码形式穿插于书中)等教学资源,选择本书作为授课教材的教师可来电(010-88379195)索取,或登录 www.cmpedu.com 网站,注册、免费下载。

图书在版编目(CIP)数据

机电一体化设备组装与调试/梁倍源,王永红,廖智如主编. —2 版(修订本). —北京:机械工业出版社,2021.9(2025.1重印)

"十二五"职业教育国家规划教材 经全国职业教育教材审定委员会审定

ISBN 978-7-111-69088-7

Ⅰ.①机… Ⅱ.①梁… ②王… ③廖… Ⅲ.①机电一体化-设备-组装-高等职业教育-教材 ②机电一体化-设备-调试方法-高等职业教育-教材 Ⅳ.①TH-39

中国版本图书馆 CIP 数据核字(2021)第 184341 号

机械工业出版社(北京市百万庄大街 22 号 邮政编码 100037)
策划编辑:赵红梅 责任编辑:赵红梅 苑文环
责任校对:潘 蕊 封面设计:张 静
责任印制:郜 敏
三河市宏达印刷有限公司印刷
2025 年 1 月第 2 版第 11 次印刷
184mm×260mm · 13 印张 · 224 千字
标准书号:ISBN 978-7-111-69088-7
定价:39.00 元

电话服务   网络服务
客服电话:010-88361066   机 工 官 网:www.cmpbook.com
         010-88379833   机 工 官 博:weibo.com/cmp1952
         010-68326294   金 书 网:www.golden-book.com
封底无防伪标均为盗版   机工教育服务网:www.cmpedu.com

本书第 1 版发行后，深受职业院校教师和学生的喜爱，有的学校用来作为全国职业院校技能大赛训练用书。本书按照一体化课程要求，通过深入企业调研，分析机电一体化技术应用工作岗位需求，以典型工作任务为载体，先从设备的拆装着手熟悉设备，再以典型的任务进行设备的编程及调试，通过任务驱动、成果导向实现学生综合职业能力提升，使学生不仅具备了岗位工作能力，还具备了诸如解决问题、自我学习、与人交流和团队合作的能力，能对新的、不可预见的工作情况做出独立的判断并给出应对措施。

本书重点强调培养学生的知识与技能、学习态度与团队意识、工作与职业操守的能力，编写过程中力求体现以下特色。

（1）新形态　本书为了让读者能更好地理解教材的难点，在编写过程中加入视频二维码，学生可扫描二维码观看视频，所学内容直观形象。

（2）任务引领　本书采用项目引领、任务驱动编写方式，突出"做中教、做中学"的职业教育特色。

（3）课程思政　在书中增加了思政元素，通过一些小知识、素养加油站等提升学生的职业素养，充分体现"立德树人"的教育理念。

（4）校企双元合体　本书由职业院校教师与企业人员共同编审完成，强化知识与技能，融合企业岗位需求。

本书建议学时为 66 课时。

本书由广西工业职业技术学院梁倍源、广州市信息工程职业学校王永红、广西工业技师学院廖智如担任主编。具体分工如下：辽宁冶金职业技术学院高峰编写项目 1 及项目 2，上海工程技术管理学校陈汉忠、广西工业技师学院杜文编写项目 3，广西工业职业技术学院梁倍源、广州市信息工程职业学校王永红编写项目 4，广西工业技师学院廖智如、田建辉编写项目 5，全书由广西机械工业研究院有限责任公司杨志主审。在本书编写过程中，编者参阅了国内外出版的有关教材和资料，在此对这些教材和资料的作者一并表示衷心感谢！

由于编者水平有限，书中不妥之处在所难免，恳请读者批评指正。

编　者

（续）

目 录

项目1

送料机构的组装与调试

任务1　送料机构的组装

【能力目标】

1）熟悉送料机构的结构组成与功能；

2）能根据装配示意图组装送料机构；

3）能根据要求进行水平度测量与调整、两轴同轴度的测量与调整、两轴平行度的测量与调整；

4）能看懂端子接线图，并进行线路连接。

【使用材料、工具、设备】（见表 1-1-1）

表 1-1-1　材料、工具及设备清单

名称	型号或规格	数量
内六角扳手	3mm、4mm、6mm、8mm 等套件	1 套
水平尺	HD－96D	1 根
电工工具和万用表	电工工具套件及 MF30 型万用表	1 套
实训桌	1190mm×800mm×840mm	1 张
送料机构部件	直流电动机、光电漫反射型传感器	1 套

【学习组织形式】

训练和学习以小组为单位，两人为一小组，共同制订计划并实施，协作完成送料机构的组装。

【任务要求及实施】

一、任务要求

送料机构主要实现物料由送料盘滑到物料检测位置。本任务根据图 1-1-1 所示装配示意图中各部件的安装要求对送料机构进行组装，并按照端子接线布置图 1-1-3 完成端子线路的连接。

安装要求如下：

1）送料盘和物料出口应在同一水平线上。

2）按实际要求调整传感器的安装高度、检测灵敏度。

3）各部件的安装应牢固、无松动。

小知识

尽管国家和企业对安全工作非常重视，但还是有机械事故不断发生。原因来自多方面，其中，一些员工的安全意识薄弱是事故发生的根本原因。想要降低机械事故的发生率，首先要在思想上提高防范意识，提高操作人员的安全意识。学会机械伤害预防铁律"十二条"，真正把安全工作放在一切工作的首位。

机械伤害预防铁律"十二条"：

"四必有"——有轴必有套、有轮必有罩、有台必有栏、有洞必有盖。

"四不修"——带电不修、带压不修、高温过冷不修、无专用工具不修。

"四停用"——无联锁防护停用、无接地漏电保护停用、无岗前培训停用、无安全操作规程停用。

二、任务实施

1. 送料机构的结构及组装

送料装置安装

送料机构主要由物料转盘、调节支架、直流减速电动机、出料口传感器和物料检测支架等组成，如图 1-1-2 所示。

（1）物料转盘的组装　按照装配示意图完成物料转盘的组装，并将调节支架固定在实训台上，具体的步骤与方法见表 1-1-2。

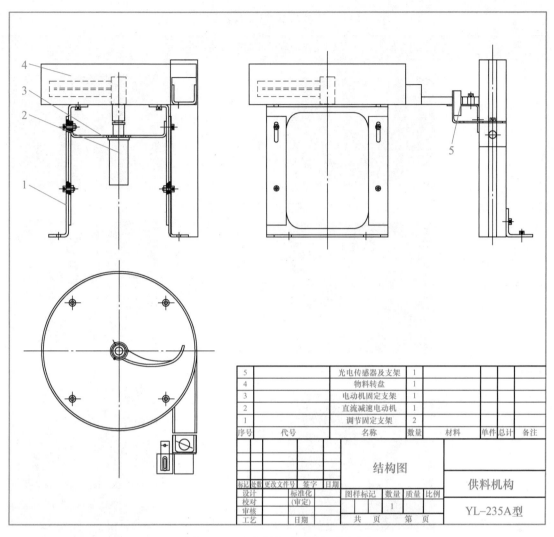

5		光电传感器及支架	1				
4		物料转盘	1				
3		电动机固定支架	1				
2		直流减速电动机	1				
1		调节固定支架	2				
序号	代号	名称	数量	材料	单件	总计	备注

结构图 / 供料机构

标记	处数	更改文件号	签字	日期			
设计		标准化			图样标记	数量	质量	比例
校对		(审定)				1		
审核								
工艺		日期			共 页	第 页		

YL-235A型

图 1-1-1 送料机构装配示意图

图 1-1-2 送料机构

表 1-1-2 物料转盘的安装步骤及方法

物料转盘的安装步骤及方法	
① 安装支架，用内六角扳手拧紧螺钉 	② 在支架上安装转盘 
③ 用内六角扳手拧紧两侧固定螺钉 	④ 在转盘下方安装直流电动机及延长轴 
⑤ 安装旋转套及固定销 	⑥ 安装摩擦片及滑动部件 
⑦ 安装弹簧及弹簧盖 	⑧ 用活扳手拧紧两个锁紧螺母 

（2）物料检测支架的组装　见表 1-1-3。

表 1-1-3　物料检测支架的安装步骤及方法

物料检测支架的安装步骤及方法			
① 安装物料检测支架，用内六角扳手拧紧螺钉		② 在支架上安装传感器支架	
③ 将物料传感器安装在支架上		④ 安装物料托，使之与出料口在同一水平面上	
⑤ 调整物料传感器位置		⑥ 调整传感器精度	

2. 将元器件的引线连接到接线端子

如图 1-1-3 所示，将元器件的引线连接到接线端子。

	转盘电动机正	转盘电动机负																					物料检测光电传感器正	物料检测光电传感器负	物料检测光电传感器输出										
○	○	○	○	○	○	○	○	○	○	○	○	○	○	○	○	○	○	○	○	○	○	○	○	○	○	○	○	○	○	○	○	○	○	○	○
1	2	3	4	5	6	7	8	9	10	11	12	13	14	15	16	17	18	19	20	21	22	23	24	25	26	27	28	29	30	31	32	33	34	35	36

注：传感器引出线：棕色线表示"正"，蓝色线表示"负"，黑色线表示"输出"

图 1-1-3　端子接线布置图

（1）接线要求

1）所有导线与接线端子连接时，接线头必须使用接线针。

2）导线两端要套上号码管并及时编号，所有导线应置于线槽内。

3）每个接线端子上的连接导线不能超过两根。

4）所有导线与接线端子的连接要牢固、可靠。

（2）连接传感器至接线端子　根据端子接线布置图将送料机构中用到的两种传感器即直流两线制（棕色线和蓝色线）和直流三线制（棕色线、蓝色线和黑色线）传感器的引出线连接到接线端子，图样中"正"表示棕色线、"负"表示蓝色线、"输出"表示黑色线。

【考核标准及评价】

从知识与技能、学习态度与团队意识和工作与职业操守三方面进行综合考核，具体的评价标准见表1-1-4。

表1-1-4　考核评价表

考核能力	考核方式	评价标准与得分				
		标准	分值	互评	师评	得分
知识与技能（70分）	教师评价+互评	了解送料机构的结构	10分			
		能按要求制订实施计划	10分			
		设备部件安装是否正确	20分			
		连接端子导线安装是否正确	15分			
		气路连接是否正确、美观、规范	15分			
学习态度与团队意识（15分）	教师评价	学习积极性高，有自主学习能力	3分			
		有分析和解决问题的能力	3分			
		能组织和协调小组活动过程	3分			
		有团队协作精神，能顾全大局	3分			
		有合作精神，热心帮助小组其他成员	3分			
工作与职业操守（15分）	教师评价+互评	有安全操作、文明生产的职业意识	3分			
		诚实守信，实事求是，有创新精神	3分			
		遵守纪律，规范操作	3分			
		有节能环保和产品质量意识	3分			
		能够不断自我反思、优化和完善	3分			

【知识链接】

一、初识光机电一体化实训设备

光机电一体化实训考核装置如图 1-1-4 所示。它主要由铝合金导轨式实训台、典型机电一体化设备的机械部件、PLC 模块、触摸屏模块、变频器模块、按钮模块、电源模块、模拟生产设备实训模块、接线端子排和各种传感器等组成。装置整体结构采用开放式和拆装式，用于机械部件组装时，可根据现有的机械部件组装生产设备，也可添加机械部件组装其他生产设备，整个实训考核装置能够灵活地按教学或者竞赛要求组装成具有模拟生产功能的机电一体化设备。实训考核装置采用标准结构和抽屉式模块放置架，互换性强；按照具有生产性功能和整合学习功能的

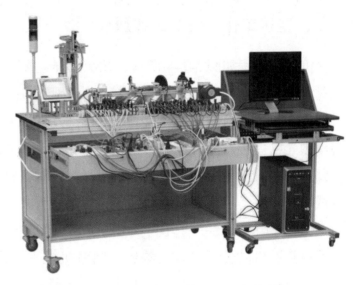

图 1-1-4　光机电一体化实训考核装置

原则确定模块内容，在教学或竞赛时可方便地选择需要的模块。

各种机械采用电控气阀—气缸驱动，物料采用电动机—传送机构（或传送带）输送。

检测采用磁性开关、光电开关、接近开关、行程开关等工业上常用的传感器发出检测信号。

控制采用触摸屏、可编程控制器（PLC）和交流变频器以及配套的电气控制电路。其中包括动作指令、自动检测、动作控制、显示和报警等。

（1）实训台的机械结构　主要由铝合金导轨式实训台、上料机构、上料检测机构、搬运机构、物料传送和分拣机构等组成。各个机构紧密相连，可以实现自由组装和调试。

（2）实训台的电气控制组成　控制系统采用模块组合式，由触摸屏模块、PLC 模块、变频器模块、按钮模块、电源模块、接线端子排和各种传感器等组成。

触摸屏模块、PLC 模块、变频器模块、按钮模块等可按实训需要进行组合、安装和调试。

以上内容包含了机电一体化专业所涉及的基础知识和专业知识，包括了基本的机电技能要求，也体现了当前先进技术的应用。光机电一体化实训考核装置为学生提供了一个典型的、可进行综合训练的工程环境，为学生构建了一个可充分发挥学生潜能和创造力的实践平台。在此平台上可实现知识的实际应用、技能的综合训练和实践动手能力的客观考核。

二、整机工作流程及工作原理

整机工作流程如图 1-1-5 所示。在触摸屏上按下启动按钮后，装置进行复位，当装置复位到位后，由 PLC 启动送料电动机驱动放料盘旋转，物料由送料盘滑到物料检测位置，物料检测光电传感器开始检测；如果送料电动机运行若干秒后，物料检测光电传感器仍未检测到物料，则说明送料机构已经无物料，这时要停机并报警；当物料检测光电传感器检测到有物料时，将给 PLC 发出信号，由 PLC 驱动机械手臂伸出、手爪下降抓取物料，然后手爪提升、手臂缩回，手臂向右旋转到右限位，手臂伸出、手爪下降将物料放到传送带上，落料口的物料检测传感器检测到物料后启动传送带输送物料，同时机械手返回原来位置进入下一个流程；传感器则对物料的材料特性、颜色特性进行辨别，分别由 PLC 控制相应电磁阀使气缸动作，对物料进行分拣。

三、送料机构

在实际生产生活中有形形色色的送料机构，如图 1-1-6 所示。

光机电一体化实训考核装置送料机构的结构如图 1-1-2 所示。其主要结构介绍如下。

送料机构的拆装

1）物料转盘：转盘中共放三种物料，即金属物料、白色非金属物料和黑色非金属物料。

2）驱动电动机：采用 24V 直流减速电动机，转速为 6r/min，用于驱动物料转盘旋转。

3）物料检测支架：将物料有效定位，并确保每次只上一个物料。

4）出料口传感器：为光电漫反射型传感器，主要为 PLC 提供一个输入信号，如果运行中光电漫反射型传感器没有检测到物料并保持若干秒，则系统应停机并报警。

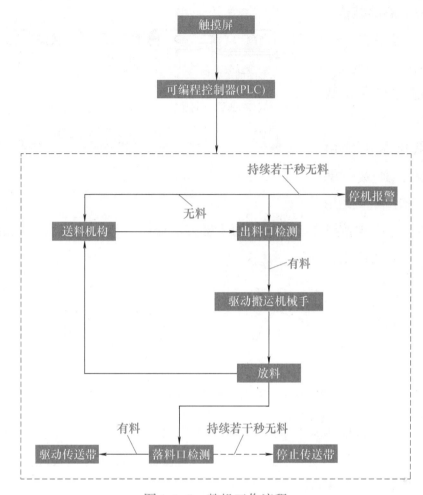

图 1-1-5　整机工作流程

图 1-1-6　送料机构的实际应用

四、常用工具

1. 验电器

验电器是检验导线和电器设备是否带电的一种电工常用检测工具。它分为低压验电器和高压验电器两种。

（1）验电器的结构

1）低压验电器。低压验电器又称为验电笔，有笔式和螺钉旋具式两种，如图1-1-7所示。

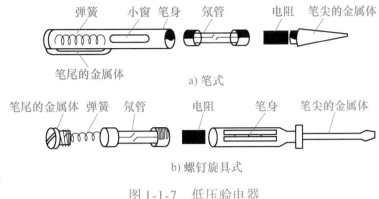

a) 笔式

b) 螺钉旋具式

图 1-1-7　低压验电器

笔式低压验电器由氖管、电阻、弹簧、笔身和笔尖等组成。使用低压验电器时，必须按图1-1-8所示的正确方法握持，以手指触及笔尾的金属体，氖管小窗背光朝向使用者。

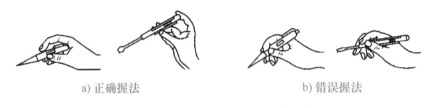

a) 正确握法　　　　　　　　b) 错误握法

图 1-1-8　笔式低压验电器的使用方法

当用验电器测接地带电体时，电流经带电体、验电器、人体、地形成回路，只要带电体与大地之间的电位差超过60V，验电器中的氖管就会发光。低压验电器电压测试范围为 60～500V。

2）高压验电器。高压验电器又称为高压测电器，10kV 高压验电器由金属钩、氖管、氖管窗、紧固螺钉、护环和握柄组

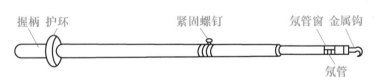

图 1-1-9　10kV 高压验电器

成，如图1-1-9所示。使用高压验电器时，应特别注意手握部位不得超过护环，如图1-1-10所示。

（2）使用验电器的安全知识

1）使用验电器前，应在已知带电体上进行测试，证明验电器确实良好后方可使用。

2）使用时，应使验电器逐渐靠近被测物体，直到氖管发光；只有在氖管不发光时，人体才可以与被测物体试接触。

3）在室外使用高压验电器时，必须在气候良好的条件下进行。在雨、雪、雾及湿度较大的天气不宜使用，以防发生危险。

4）用高压验电器进行测试时，必须带上符合要求的绝缘手套；不可一个人单独测试，身旁必须有人监护；测试时，要防止发生相间或对地短路事故；人体与带电体应保持足够的安全距离，10kV 高压的安全距离为 0.7m 以上。

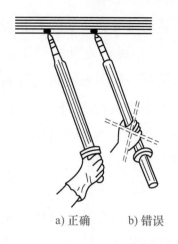

a）正确　　　b）错误

图 1-1-10　高压验电器的使用方法

2. 螺钉旋具

螺钉旋具是一种拆卸或紧固螺钉的工具。

（1）螺钉旋具的式样和规格　螺钉旋具的式样和规格很多，按头部形状可分为一字形和十字形两种，如图 1-1-11 所示。

一字形螺钉旋具常用的规格有 50mm、100mm、150mm 和 200mm 等，电工必备的是 50mm 和 150mm 两种。十字形螺钉旋具专供紧固和拆卸十字槽的螺钉，常用规格有四个：Ⅰ号适用螺钉直径为 2 ~ 2.5mm，Ⅱ号适用螺钉直径为 3 ~ 5mm，Ⅲ号适用螺钉

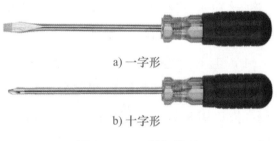

a）一字形

b）十字形

图 1-1-11　螺钉旋具

直径为 6 ~ 8mm，Ⅳ号适用螺钉直径为 10 ~ 12mm。

目前螺钉旋具金属杆的刀口端多焊有磁性金属材料，可以吸住待拧紧的螺钉，能准确定位、拧紧，使用很方便。

（2）使用螺钉旋具的安全知识

1）电工不可使用金属杆顶的螺钉旋具，否则易造成触电事故。

2）使用螺钉旋具紧固和拆卸带电的螺钉时，手不得触及螺钉旋具的金属杆，以免发生触电事故。

3）为了避免螺钉旋具的金属杆触及皮肤或触及邻近带电体，应在金属杆上穿套绝缘管。

（3）螺钉旋具的使用方法

1）大螺钉旋具的使用。大螺钉旋具一般用来紧固较大的螺钉。使用时，除大拇指、食指和中指要夹住握柄外，手掌还要顶住握柄的末端，这样可防止螺钉

旋具转动时滑脱，如图1-1-12a所示。

2）小螺钉旋具的使用。小螺钉旋具一般用来紧固电气装置接线桩头上的小螺钉。使用时，可用手指顶住握柄的末端捻旋，如图1-1-12b所示。

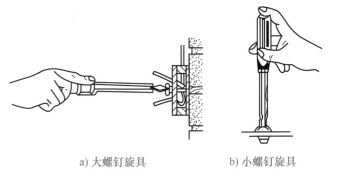

a) 大螺钉旋具　　　　　b) 小螺钉旋具

图1-1-12　螺钉旋具的使用方法

3）较长螺钉旋具的使用。可用右手压紧并转动握柄，左手握住螺钉旋具中间部分，以使螺钉旋具不滑脱。此时左手不得放在螺钉的周围，以免螺钉旋具滑脱时将手划伤。

3. 钢丝钳

钢丝钳有铁柄和绝缘柄两种，绝缘柄的为电工钢丝钳，常用的规格有150mm、175mm和200mm三种。

（1）电工钢丝钳的构造和用途　电工钢丝钳由钳头和钳柄两部分组成。钳头由钳口、齿口、刀口和铡口四部分组成。其用途很多，钳口用来弯绞和钳夹导线线头；齿口用来紧固或起松螺母；刀口用来剪切或剖削软导线绝缘层；铡口用来铡切导线线芯、钢丝或铅丝等金属丝。其构造及用途如图1-1-13所示。

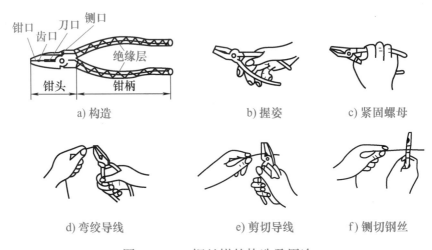

a) 构造　　　　　　b) 握姿　　　　　　c) 紧固螺母

d) 弯绞导线　　　　e) 剪切导线　　　　f) 铡切钢丝

图1-1-13　钢丝钳的构造及用途

（2）使用电工钢丝钳的安全知识

1）使用前，必须检查绝缘柄的绝缘是否良好。如绝缘损坏，进行带电作业时将会发生触电事故。

2）剪切带电导线时，不得用刀口同时剪切相线和中性线，或同时剪切两根相线，以免发生短路事故。

4. 尖嘴钳

尖嘴钳的头部尖细，适用于在狭小的工作空间操作。尖嘴钳也有铁柄和绝缘柄两种，绝缘柄的耐压为500V，其外形如图1-1-14所示。

图1-1-14　尖嘴钳

尖嘴钳的用途：

1）带有刀口的尖嘴钳能剪断细小金属丝。

2）尖嘴钳能夹持较小螺钉、垫圈、导线等元件。

3）在装接电路时，尖嘴钳能将单股导线弯成所需的各种形状。

5. 活扳手

活扳手是一种用来紧固和起松螺母的专用工具。

（1）活扳手的构造和规格　活扳手主要由头部和柄部组成，头部由活动扳唇、呆扳唇、蜗轮和轴销等构成，如图1-1-15所示。旋动蜗轮可调节扳口大小。其规格用长度×最大开口宽度（单位为mm）来表示，电工常用的活扳手有150mm×19mm（6in）、200mm×24mm（8in）、250mm×30mm（10in）和300mm×36mm（12in）四种规格（注：1in=2.54cm）。

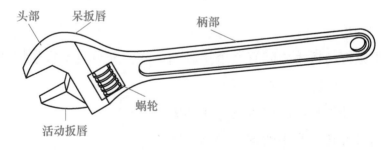

图1-1-15　活扳手的结构

（2）活扳手的使用方法

1）扳动大螺母时，常需要较大的力矩，此时手应握在近柄尾处，如图1-1-16a所示。

2）扳动较小螺母时，所需力矩不大，但螺母过小易打滑，故手应握在接近头部的地方，如图1-1-16b所示，这样可随时调节蜗轮，收紧活动扳唇，防止打滑。

3）活扳手不可反用，如图1-1-16c所示，以免损坏活动扳唇，也不可用钢管接长手柄来施加较大的扳拧力矩。

4）活扳手不得当作撬棍和手锤使用。

a) 扳动较大螺母时的握法　　b) 扳动较小螺母时的握法　　c) 错误的使用方法

图 1-1-16　活扳手的使用方法

6. 内六角扳手

如图1-1-17所示，内六角扳手也称为艾伦扳手，是一种成L形具有一个六角插头的特种工具，呈六角棒状，简单轻巧，专门用于拧转内六角螺钉。它通过扭矩施加作用力给螺钉，大大降低了使用者的用力强度，是工业中不可或缺的工具。

图 1-1-17　内六角扳手及螺钉

内六角扳手的优点：

1）简单、轻巧。

2）内六角螺钉与扳手之间有六个接触面，受力充分且不容易损坏。

3）可以用来拧转深孔中的螺钉。

4）扳手的直径和长度决定了它的扭转力。

5）可以用来拧转非常小的螺钉。

6）容易制造，成本低廉。

7）扳手的两端都可以使用。

7. 钢直尺

钢直尺的长度规格有150mm、300mm、1000mm等多种，最小标尺间距为0.5mm。它主要用来量取尺寸、测量工件，也可用于画直线，使用方法如图1-1-18所示。

8. 游标高度尺

它附有划针脚，能直接表示出高度尺寸，其读数精度一般为 0.02mm，可作为精密划线工具，如图 1-1-19 所示。

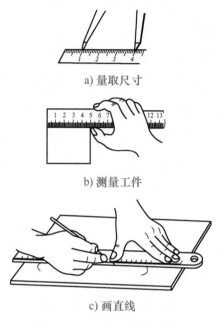

a) 量取尺寸

b) 测量工件

c) 画直线

图 1-1-18　钢直尺的使用

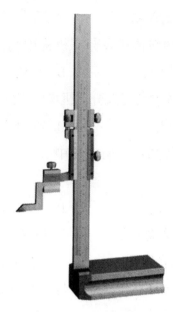

图 1-1-19　游标高度尺

【思考与练习】

一、填空题

1. 光机电一体化实训考核装置由铝合金导轨式实训台、典型机电一体化设备的机械部件、_____、_____、_____、按钮模块、电源模块、模拟生产设备实训模块、接线端子排和各种传感器等组成。

2. 光机电一体化实训考核装置各种机械采用_____驱动。

3. 检测采用_____、_____、接近开关、行程开关等工业上常用的传感器发出检测信号。

4. 光机电一体化实训考核装置控制采用_____、_____、_____以及配套的电气控制电路。

5. 物料转盘中共放三种物料，分别是_____、_____和_____。

6. 驱动电动机采用24V_____电动机，转速为_____。

7. 笔式低压验电器由_____、_____、_____、笔身和笔尖等组成。

二、选择题

1. 光机电一体化实训考核装置整体结构采用开放式和（　　）。

A. 封闭式　　　　B. 拆装式　　　　C. 半封闭式　　　　D. 全封闭式

2. 物料传送及分拣机构中用到的传感器，直流两线制包括棕色和（　　）。

A. 黑色　　　　B. 红色　　　　C. 蓝色　　　　D. 绿色

3. 物料传送及分拣机构中用到的传感器，直流三线制包括棕色、蓝色和（　　）。

A. 黑色　　　　B. 红色　　　　C. 蓝色　　　　D. 绿色

4. 传感器的引出线中（　　）表示"正"、蓝色表示"负"、黑色表示"输出"。

A. 棕色　　　　B. 红色　　　　C. 蓝色　　　　D. 黑色

5. 模块采用（　　）和抽屉式模块放置架，互换性强。

A. 敞开式　　　　B. 封闭式　　　　C. 标准结构　　　　D. 开放式

6. 产品在规定的条件下和规定的时间内，完成规定功能的概率称为（　　）。

A. 可靠度　　　　B. 失效率　　　　C. 平均寿命　　　　D. 有效度

7. 光机电一体化实训考核装置PLC控制相应（　　）使气缸动作，对物料进行分拣。

A. 机器人　　　　B. 传感器　　　　C. 电磁阀　　　　D. 电动机

8. 转盘中共放三种物料，分别是（　　）、白色非金属物料和黑色非金属物料。

A. 红色非金属物料　　　　B. 金属物料

C. 棕色非金属物料　　　　D. 蓝色非金属物料

9. 送料机构电动机采用（　　）直流减速电动机。

A. 24V　　　　B. 12V　　　　C. 6V　　　　D. 220V

10. 验电器分为（　　）验电器和高压验电器两种。

A. 直流　　　　B. 交流　　　　C. 低压　　　　D. 交直流

11. 只要带电体与大地之间的电位差超过（　　）V，验电器中的氖管就发光。

A. 20V　　　　B. 40V　　　　C. 60V　　　　D. 80V

12. 人体与带电体应保持足够的安全距离，10kV高压的安全距离为（　　）以上。

A. 3m   B. 2m   C. 1m   D. 0.7m

13. 钢直尺的长度规格有（　　）mm、300mm、1000mm 等多种。

A. 100   B. 150   C. 200   D. 250

三、问答题

1. 钢直尺的最小标尺间距是多少？

2. 送料机构采用什么进行驱动，转速是多少？

3. 在端子排上接线有什么要求？

任务2　送料机构的调试

【能力目标】

1）能根据控制要求编写调试程序；

2）能按照电气原理图进行送料机构的线路连接；

3）能对送料机构进行模拟调试；

4）能正确输入程序，进行送料机构的联机调试。

【使用材料、工具、设备】（见表1-2-1）

表1-2-1　材料、工具及设备清单

名称	型号或规格	数量
计算机	自行配置	1台
PLC 模块	$FX_{3U}-48MR$	1套
电源模块	三相电源总开关（带漏电和短路保护）1个，熔断器 3只，单相电源插座两个，安全插座 5个	1套
按钮模块	24V/6A、12V/2A 各一组；急停按钮 1只，转换开关两只，蜂鸣器 1只，复位按钮黄、绿、红各 1只，自锁按钮黄、绿、红各 1只，24V 指示灯黄、绿、红各两只	1套
编程软件	GX Developer 编程软件	1套
接线端子	接线端子和安全插座	若干
连接导线	专配	若干
电工工具和万用表	电工工具套件及 MF30 型万用表	1套
内六角扳手	3mm、4mm、6mm、8mm 等套件	1套

【学习组织形式】

训练和学习以小组为单位，两人为一小组，共同制订计划并实施，协作完成送料机构的调试。

【任务要求及实施】

一、任务要求

按下启动按钮，如果物料检测光电传感器没有检测到物料，则直流减速电动机运行，直到物料检测光电传感器检测到物料时电动机停止运行，当电动机持续运行5s后，物料检测光电传感器仍未检测到物料，则说明料盘缺料或者出现故障，电动机应停止并报警输出，请按要求完成下列任务：

1）请按图1-2-1所示送料机构装配示意图在实训台上安装好送料机构和接线排；

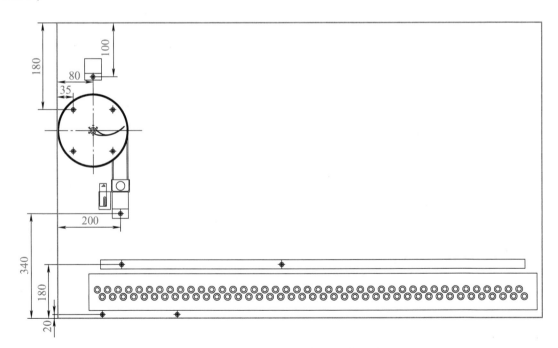

图 1-2-1 送料机构装配示意图

2）请根据控制要求分配 I/O 地址，画出电气原理图，并按电气原理图连接线路；

3）根据控制要求编写 PLC 程序；

4）根据要求进行通信连接测试，调试设备达到控制要求。

二、任务实施

（1）I/O 分配表（见表 1-2-2）

表 1-2-2　I/O 分配

输 入 地 址			输 出 地 址		
序号	地址	备注	序号	地址	备注
1	X0	启动	1	Y0	驱动转盘电动机
2	X1	停止	2	Y15	驱动报警
3	X11	物料检测光电传感器	3	Y21	运行指示（绿色）
4			4	Y22	停止指示（红色）

（2）PLC 接线　如图 1-2-2 所示。对应的端子接线布置如图 1-1-3 所示。

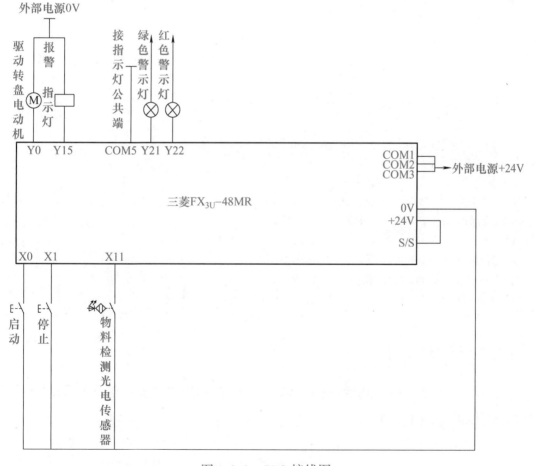

图 1-2-2　PLC 接线图

注意事项：

1）通电之前必须确认三相电的进线和模块的连接没有错误；

2）连接线路过程中不应有短路、断路现象；

3）三线制传感器的使用说明：棕色线接 PLC 的 +24V 端，蓝色线接 PLC 的 0V 端，黑色线接控制输入端；

4）两线制磁性开关的使用说明：棕色线接控制输入端，蓝色线接 PLC 的 0V 端。

三、控制程序

1）PLC 参考梯形图如图 1-2-3 所示。

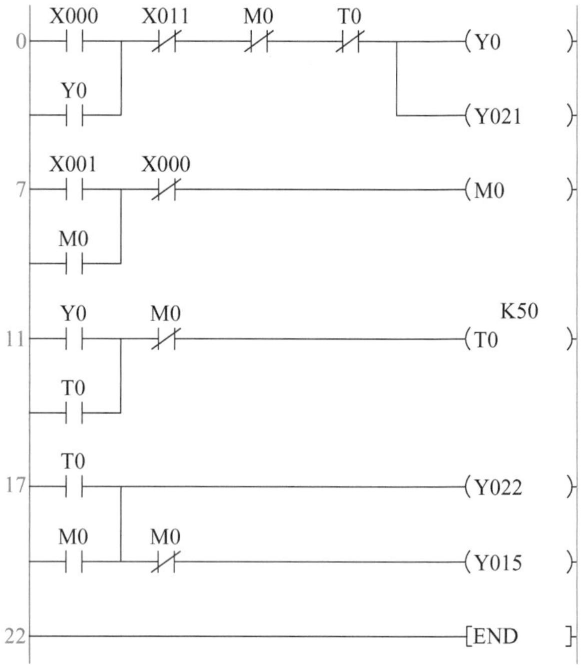

2）ST 参考程序如下所示。

图 1-2-3 PLC 梯形图

```
Y0:=X0 OR Y0 AND NOT X11 AND NOT M0 AND NOT TS0;
Y21:=Y0;
(* 按下启动按钮,转盘电动机转动,同时运行指示灯亮*)
M0:=X1 OR M0 AND NOT X0;
(* 按下停止按钮,M0 自锁*)
OUT_T(Y0 OR TS0 AND NOT M0,TC0,50);
(* 转盘电动机转动5s计时*)
Y22:=TS0 OR M0;
(* 定时器时间到或 M0 接通,停止指示灯亮*)
Y15:=TS0 OR M0 AND NOT M0;
(* 执行报警*)
```

【考核标准及评价】

从知识与技能、学习态度与团队意识和工作与职业操守三方面进行综合考核，具体评价标准见表 1-2-3。

表 1-2-3 考核评价表

考核能力	考核方式	评价标准与得分				
		标准	分值	互评	师评	得分
知识与技能(70分)	教师评价+互评	电路安装是否正确，接线是否规范	10分			
		直流电动机运行是否正常	20分			
		物料检测是否正常	20分			
		警示灯是否正常	20分			
学习态度与团队意识(15分)	教师评价	学习积极性高，有自主学习能力	3分			
		有分析和解决问题的能力	3分			
		能组织和协调小组活动过程	3分			
		有团队协作精神，能顾全大局	3分			
		有合作精神，热心帮助小组其他成员	3分			
工作与职业操守(15分)	教师评价+互评	有安全操作、文明生产的职业意识	3分			
		诚实守信，实事求是，有创新精神	3分			
		遵守纪律，规范操作	3分			
		有节能环保和产品质量意识	3分			
		能够不断自我反思、优化和完善	3分			

【知识链接】

一、电源模块

电源模块主要包括一个三相漏电保护开关、两位的单相电源插座。其中，三条相线、中性线经过漏电保护开关被引到面板的安全插座上，接地线也被引到面板的安全插座上。电源模块用于为整个系统供电，如图 1-2-4 所示。

二、按钮模块

按钮模块提供了多种不同功能的按钮（如急停按钮、转换开关、自锁按钮及复位按钮）、24V 指示灯和蜂鸣器。所有接口均采用安全插线连接。内置

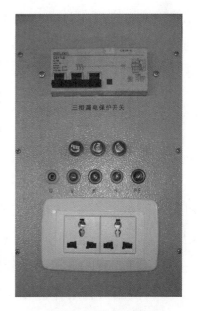

图 1-2-4 电源模块

开关电源（24V/6A 为一组，12V/2A 为另一组）为外部设备供电，如图 1-2-5 所示。

三、PLC 模块

PLC 模块采用三菱 FX_{3U}-48MR 继电器输出。它有 24 点输入、24 点输出，所有接口均引到面板的安全插座上，使用时用安全插线连接，如图 1-2-6 所示。

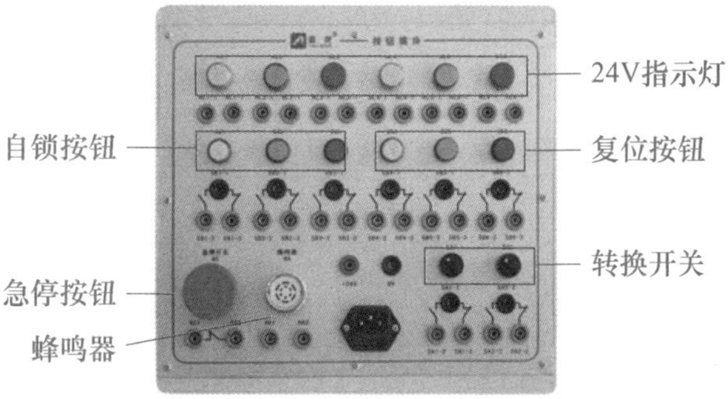

四、警示灯

警示灯有绿色和红色两种颜色，如图 1-2-7 所示。它有五根引出线，其中并在一起的两根粗线是电源线（红色线接 +24V，黑-红双色线接 GND），其余三根是信号控制线（棕色线为控制信号公共端，如果将信号控制线中的红色线和棕色线接通，则红灯闪烁，将信号控制线中的绿色线和棕色线接通，则绿灯闪烁）。

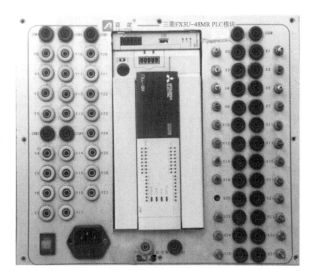

图 1-2-5　按钮模块

图 1-2-6　PLC 模块

五、ST 编程知识

1. 关于 ST 语言

（1）ST 是 Structured Text（结构化文本）的缩写，是 IEC 61131-3 所规定的 PLC 编程语言之一。ST 语言支持运算符、控制语句、函数，可以按以下方式进行记述。

1）通过条件语句选择分支，通过循环语句进行重复。

2）使用具有运算符号（＊、／、＋、－、＜、＞、＝等）的表达式。

3）可以调用用户定义的功能块（FB）。

4）可以调用函数。

5）具有包含汉字等全角字符的注释。

（2）ST 语言的主要特点

1）通过文本方式自由记述。ST 语言是以半角英文、数字的文本格式进行记述。在注释及字符串中也可以使用汉字等全角字符，如图 1-2-8 所示。

图 1-2-7 警示灯

2）可以进行与 C 语言等高级语言相同的编程。ST 语言可以与 C 语言等高级语言一样，通过条件语句选择分支，通过循环语句进行重复等，对控制进行记述。因此，可以简洁容易地进行程序编写，如图 1-2-9 所示。

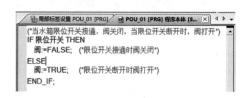

图 1-2-8 ST 语言描述

图 1-2-9 ST 语言格式

3）可以容易地记述运算处理。ST 语言可以对列表及梯形图中难以记述的运算处理简洁地进行记述，因此程序的可读性优良，适用于复杂的算术运算、比较运算等，如图 1-2-10 所示。

图 1-2-10 ST 语言运算处理

2. ST 语言工程的创建

（1）GX Works2 的启动　通过开始菜单选择或通过双击桌面上的 图标都可启动软件，如图 1-2-11 和图 1-2-12 所示，启动界面如图 1-2-13 所示。

GX Works2编程

图 1-2-11 "开始"菜单

图 1-2-12 GX Works2 图标

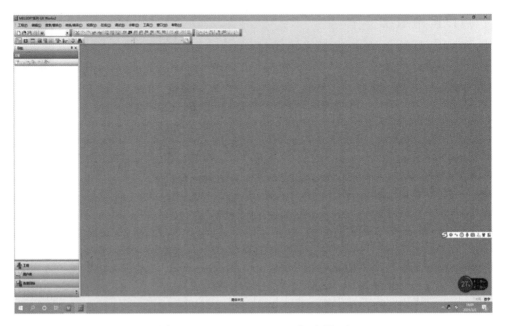

图 1-2-13　GX Works2 启动界面

GX Works2 的画面构成如图 1-2-14 所示，其中工具栏、导航窗口、部件选择窗口、输出窗口均可通过"视图"菜单选择显示或隐藏。

（2）创建新工程　通过下述任一操作，都可以显示"新建工程"对话框，如图 1-2-15 所示。

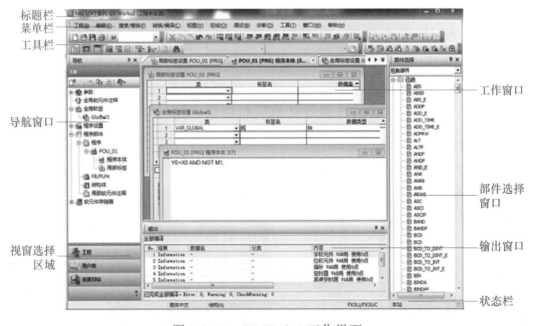

图 1-2-14　GX Works2 工作界面

1）选择"工程"→"新建工程"菜单，如图1-2-16所示。

2）单击"新建工程"图标。

如图1-2-15所示，从列表框中可选择新建工程的工程类型、PLC系列、PLC类型、程序语言，设置后单击"确定"按钮即可。

图1-2-15 "新建工程"对话框   图1-2-16 新建工程菜单

3）进入新建工程界面，如图1-2-17所示。

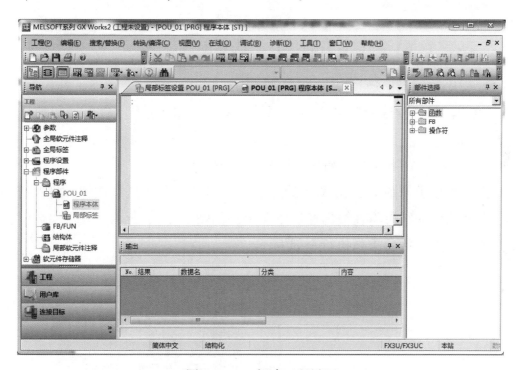

图1-2-17 新建工程界面

（3）程序的创建 在"工程"视窗→"程序部件"→"程序"→"POU_01"中找到"程序本体"，进行双击，将显示POU_01［PRG］程序本体［ST］界面。然后以文本录入方式直接输入程序，如图1-2-18所示。

图 1-2-18   程序本体

（4）程序的编译   通过以下方式可对程序进行编译。

1）单击"转换/编译"菜单，选择"转换 + 全部编译"命令进行编译，如图 1-2-19 所示。

2）单击（转换 + 全部编译）图标进行编译。

操作后将显示如图 1-2-20 所示的对话框。如果单击"是"按钮，将执行全部编译。全部编译的结果将在输出窗口中显示，如图 1-2-21 所示。发生错误时，请确认内容并修正，然后重新执行全部编译。

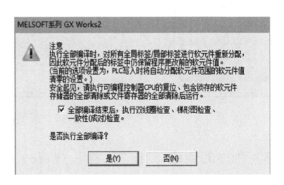

图 1-2-19   转换/编译菜单   图 1-2-20   确认是否全部编译对话框

图 1-2-21 输出结果

（5）将工程写入 PLC 单击"在线"菜单，选择"PLC 写入"命令或通过单击工具栏上的 图标都可显示"在线数据操作"界面，如图 1-2-22 所示。

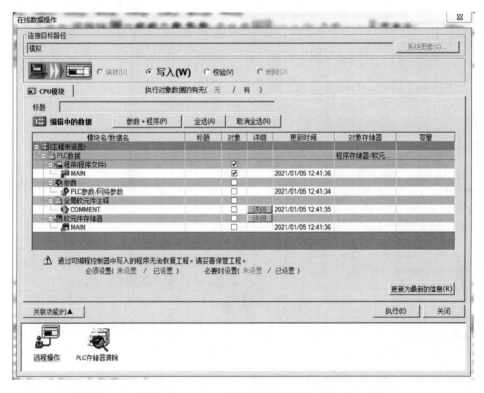

图 1-2-22 "在线数据操作"界面

对"在线数据操作"界面中的对象模块、工程进行设置，然后单击"执行"按钮，将显示如图 1-2-23 所示的对话框。如果单击"是"按钮，将写入工程（程序）。写入过程中将显示如图 1-2-24 所示的对话框。

写入结束时，将显示"PLC 写入：结束"，此时如果单击"关闭"按钮，PLC 写入进度对话框将被关闭，并返回"在线数据操作"界面。

（6）程序的监视 如果单击"在线"菜单，选择"监视"→"监视开始"

图 1-2-23　执行对话框

命令，POU_01［PRG］程序本体［ST］界面将变为监视状态。通过单击工具栏上的 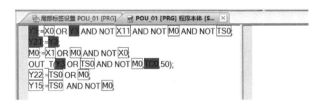（监视开始）图标也可将 POU_01［PRG］程序本体［ST］界面设置为监视状态。程序监视界面如图 1-2-25 所示。

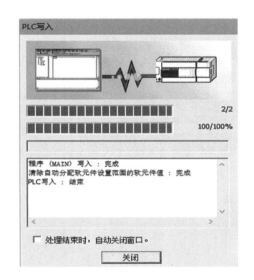

图 1-2-24　工程写入进度对话框

图 1-2-25　程序监视界面

单击"在线"菜单，选择"监视"→"监视停止"命令，POU_01［PRG］程序本体［ST］界面的监视状态将停止（中断）。通过单击 （监视停止）图标也可将 POU_01［PRG］程序本体［ST］界面设置为监视解除状态。

（7）程序的保存　单击"工程"菜单，选择"保存"命令，或单击工具栏上的 （保存）图标即可保存工程。

3. ST 程序的表达式

（1）代入语句　代入语句具有将右边表达式的结果代入到左边的标签或软元

件中的功能。在代入语句中，右边表达式的结果与左边的数据类型须为相同的类型。如果不相同将发生转换出错。

［示例］

1）使用了实际软元件的情况：

DO：=25；

执行该公式时将十进制数25代入到DO中。

2）使用了标签的情况：

例如，在使用了"信息"这一字符串型标签时，

信息：="启动"；

执行该公式时，将字符"启动"代入到"信息"中。

（2）运算符　ST程序中使用的运算符列表及执行运算时的优先顺序见表1-2-4。

表1-2-4　运算符列表

运算符	内容	优先顺序
（）	圆括弧	
函数（）	函数的参数列表	
**	指数（幂）	
NOT	非	最高位
*	乘	
/	除	
MOD	余数	
+	加	
−	减	
＜，＞，＜＝，＞＝	比较	
=	等于	
＜＞	不等	
AND，&	逻辑与	最低位
XOR	逻辑异或	
OR	逻辑或	

【思考与练习】

一、填空题

1. 电源模块主要包括一个_____、两位的_____电源插座。

2. 指示灯额定电压为_____V。

3. 三菱 FX_{3U} – 48MR 型 PLC 为_____输出 PLC，其输入点为_____点，输出点为_____点。

4. 警示灯共有_____根引出线，其中_____根为电源线，_____根为信号控制线。

二、选择题

1. PLC 程序中手动程序和自动程序需要（　　　）。

A. 自锁　　　　　B. 互锁　　　　　C. 保持　　　　　D. 联动

2. 在 PLC 中，可以通过编程器修改或增删的是（　　　）。

A. 系统程序　　　B. 用户程序　　　C. 工作程序　　　D. 任何程序

3. 在 PLC 可编程控制器里，一个继电器带有（　　　）对触点。

A. 两对　　　　　B. 三对　　　　　C. 四对　　　　　D. 无数对

4. 可编程控制器的特点是（　　　）。

A. 不需要大量的活动部件和电子元件，接线大大减少，维修简单，维修时间缩短，性能可靠

B. 统计运算、计时、计数采用了一系列可靠性设计

C. 数字运算、计时编程简单，操作方便，维修容易，不易发生操作失误

D. 以上都是

5. 可编程控制器采用可以编制程序的存储器，用来在其内部存储执行逻辑运算、（　　　）和算术运算等操作指令。

A. 控制运算、计数　　　　　B. 统计运算、计时、计数

C. 数字运算、计时　　　　　D. 顺序控制、计时、计数

6. 可编程控制器的输入、输出、辅助继电器、计时、计数的触点是（　　　），

（　　）无限地重复使用。

A. 无限的　能　　B. 有限的　能　　C. 无限的　不能　　　D. 有限的　不能

三、问答题

1. 警示灯三根信号线需要外加 24V 电源吗？

2. 三菱 $FX_{3U}-48MR$ 的英文和数字分别代表什么意思？

项目2

机械手的组装与调试

【能力目标】

1）熟悉机械手的结构组成与功能；

2）能根据装配示意图组装机械手；

3）能根据要求进行水平度测量与调整、两轴同轴度的测量与调整、两轴平行度的测量与调整；

4）能按照气动系统图连接机械手的气动回路；

5）能看懂端子接线图，并进行线路连接。

【使用材料、工具、设备】（见表 2-1-1）

表 2-1-1　材料、工具及设备清单

名称	型号或规格	数量
内六角扳手	3mm、4mm、6mm、8mm 等套件	1 套
水平尺	HD – 96D	1 根
电工工具和万用表	电工工具套件及 MF30 型万用表	1 套
实训桌	1190mm×800mm×840mm	1 张
机械手部件	旋转气缸、非标螺钉、气动手爪、手爪磁性开关 Y59BLS、提升气缸、D – C73 型磁性开关、节流阀、伸缩气缸、D – Z73 型磁性开关、左右限位传感器、缓冲阀、安装支架	1 套
气管	φ4mm/φ6mm	若干
接线端子模块	接线端子和安全插座	1 套

【学习组织形式】

训练和学习以小组为单位，两人为一小组，共同制订计划并实施，协作完成机械手的组装。

【任务要求及实施】

一、任务要求

机械手的主要作用是对物料进行抓取，并将物料放至落料口。本任务根据图 2-1-1 所示装配示意图中各部件的安装要求对机械手进行组装，并按照端子接线图、气路原理图完成端子线路和气动回路的连接。

安装要求如下：

1）手爪应与物料检测位置及落料口保持合适距离。

2）气管与接头的连接必须可靠，确保不漏气。

3）节流阀的进气量按实际情况进行调整，气动手爪应运行平稳、速度适中。

4）按实际要求进行调整传感器的安装高度、检测灵敏度。

5）各部件的安装应牢固、无松动。

素养加油站：工匠精神

有一颗精益求精的"匠心"，是对工作最好的尊重。严谨、认真地对待工作的每一个环节，牢固树立"没有最好，只有更好"的理念，高标准对待工作，坚决杜绝"差不多"现象，不放过任何一个细节，在日复一日的坚守中实现自己的人生价值。

拆机械手

装机械手

二、任务实施

（1）机械手的组装　机械手主要由安装支架、旋转气缸、气动手爪、提升气缸、伸缩气缸、左右限位传感器、缓冲阀、节流阀、磁性开关及气源等组成，如图 2-1-2 所示。

1）支架的安装。按照装配示意图完成机械手支架的组装，并将支架固定在实训台上，具体的步骤与方法见表 2-1-2。

机械手组装1

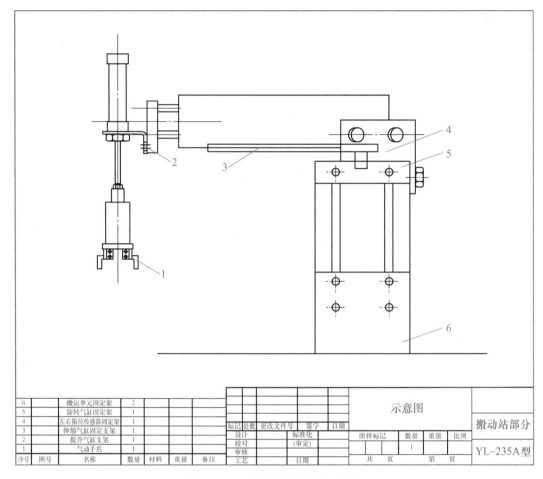

6		搬运单元固定架	2											示意图				搬动站部分
5		旋转气缸固定架	1															
4		左右限位传感器固定架	1				标记	处数	更改文件号	签字	日期							
3		伸缩气缸固定支架	1				设计			标准化		图样标记			数量	重量	比例	
2		提升气缸支架	1				校对			(审定)								
1		气动手爪	1				审核									1		YL-235A型
序号	图号	名称	数量	材料	重量	备注	工艺			日期		共 页			第 页			

图 2-1-1 机械手装配示意图

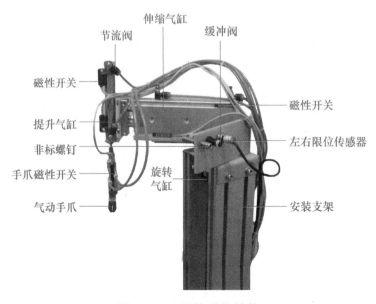

图 2-1-2 机械手的结构

表 2-1-2　机械手支架的安装步骤及方法

机械手支架的安装步骤及方法	
① 将安装支架固定在实训台上，用内六角扳手拧紧螺钉 	② 安装支架，用内六角扳手拧紧螺钉 
③ 将托盘固定在安装支架上 	

2）旋转气缸的安装见表 2-1-3。

3）限位传感器及缓冲阀的安装见表 2-1-4。

机械手组装2

表 2-1-3　旋转气缸的安装步骤及方法

旋转气缸的安装步骤及方法	
① 用内六角扳手安装旋转气缸 	② 安装并调整旋转气缸的节流阀 

表 2-1-4　限位传感器及缓冲阀的安装步骤及方法

限位传感器及缓冲阀的安装步骤及方法	
① 用活扳手和内六角扳手配合安装非标螺钉 	② 用活扳手和一字形螺钉旋具配合安装缓冲阀 
③ 用活扳手和尖嘴钳配合安装限位传感器 	

4）伸缩气缸及磁性开关的安装见表 2-1-5。

表 2-1-5　伸缩气缸及磁性开关的安装步骤及方法

伸缩气缸及磁性开关的安装步骤及方法	
① 安装伸缩气缸。 	② 安装伸缩气缸节流阀 
③ 安装磁性开关 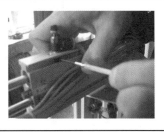	

5）气动手爪及提升气缸的安装见表 2-1-6。

表 2-1-6　气动手爪及提升气缸的安装步骤及方法

气动手爪及提升气缸的安装步骤及方法	
① 用活扳手安装提升气缸 	② 安装提升气缸的 D – C73 型磁性开关 
③ 安装气动手爪 	④ 安装手爪磁性开关 Y59BLS 

（2）气路的连接

1）气路连接的方法。

① 根据元器件在实训台上的位置，合理选取尼龙软管的长度。

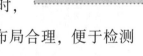

气路连接

② YL-235A 型实训装置采用尼龙软管快插式连接。安装时，首先要保证气路通畅，应避免直角或锐角弯曲；其次要考虑布局合理，便于检测维修。

③ 将气管插入接头时，应手持气管端部轻轻压入，使气管通过弹簧片和密封圈到达底部，保证气路连接可靠、牢固、密封。

④ 将气管从接头拔出时，应先手持气管向接头里侧推一下，然后压下接头上的蓝色卡盘再拔出，禁止强行拔出。

2）气路连接的步骤。

① 气源由气泵经过调压阀进入电磁阀，如图 2-1-3 所示。

② 电磁阀与气缸上的单向节流阀相连，如图 2-1-4 所示。

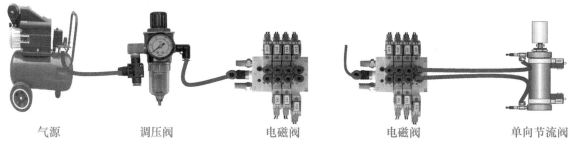

气源　　　　　　调压阀　　　　　　电磁阀　　　　　　　　电磁阀　　　　　　单向节流阀

图 2-1-3　气源与电磁阀的连接　　　　　　　图 2-1-4　电磁阀与气缸的连接

③ 整理、固定气管。将连接好的气管用塑料扎带捆扎起来，捆扎间距一般为 50～80mm，且要均匀，如图 2-1-5 所示。

（3）将元器件的引线连接到接线端子　按图 2-1-6 所示进行引线连接。

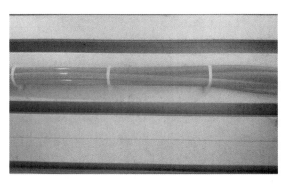

图 2-1-5　气管的困扎

端子接线标注（端子 1～24，对应双向电控阀；端子 25～36 空置）：

- 1、2：驱动手爪夹紧双向电控阀 1、2
- 3、4：驱动手爪松开双向电控阀 1、2
- 5、6：驱动手爪提升双向电控阀 1、2
- 7、8：驱动手爪下降双向电控阀 1、2
- 9、10：驱动手臂伸出双向电控阀 1、2
- 11、12：驱动手臂缩回双向电控阀 1、2
- 13、14：驱动手臂左转双向电控阀 1、2
- 15、16：驱动手臂右转双向电控阀 1、2

1	2	3	4	5	6	7	8	9	10	11	12	13	14	15	16	17	18	19	20	21	22	23	24	25	26	27	28	29	30	31	32	33	34	35	36

端子接线标注（端子 37～72，对应限位传感器；端子 73～84 空置）：

- 37、38、39：手臂旋转左限位接近传感器 正、负、输出
- 40、41、42：手臂旋转右限位接近传感器 正、负、输出
- 43、44：手臂气缸伸出限位磁性传感器 正、负
- 45、46：手臂气缸缩回限位磁性传感器 正、负
- 47、48：手爪提升气缸上限磁性传感器 正、负
- 49、50：手爪提升气缸下限磁性传感器 正、负

37	38	39	40	41	42	43	44	45	46	47	48	49	50	51	52	53	54	55	56	57	58	59	60	61	62	63	64	65	66	67	68	69	70	71	72	73	74	75	76	77	78	79	80	81	82	83	84

图 2-1-6　端子接线图

【考核标准及评价】

从知识与技能、学习态度与团队意识和工作与职业操守三方面进行综合考核，具体的评价标准见表2-1-7。

表2-1-7　考核评价表

考核能力	考核方式	评价标准与得分				
		标准	分值	互评	师评	得分
知识与技能(70分)	教师评价+互评	了解机械手的结构	10分			
		能按要求制订实施计划	10分			
		设备部件安装是否正确	20分			
		连接端子导线安装是否正确	15分			
		气路连接是否正确、美观、规范	15分			
学习态度与团队意识(15分)	教师评价	学习积极性高，有自主学习能力	3分			
		有分析和解决问题的能力	3分			
		能组织和协调小组活动过程	3分			
		有团队协作精神，能顾全大局	3分			
		有合作精神，热心帮助小组其他成员	3分			
工作与职业操守(15分)	教师评价+互评	有安全操作、文明生产的职业意识	3分			
		诚实守信，实事求是，有创新精神	3分			
		遵守纪律，规范操作	3分			
		有节能环保和产品质量意识	3分			
		能够不断自我反思、优化和完善	3分			

【知识链接】

一、机械手搬运机构的实际应用（见图2-1-7）

图2-1-7　机械手搬运机构的实际应用

二、气动机械手搬运机构

机械手的结构如图 2-1-2 所示，整个搬运机构能完成四个自由度的动作，即手臂伸缩、手臂旋转、手爪升降、手爪松紧。

1）提升气缸：采用双向电磁阀控制。

2）磁性开关：用于气缸的位置检测。检测气缸伸出和缩回是否到位，为此在前后两点各放一个，当检测到气缸准确到位后将给 PLC 发出一个信号。

3）气动手爪：抓取和松开物料，由双向电磁阀控制，手爪夹紧磁性开关有信号输出，指示灯亮，在控制过程中不允许两个线圈同时得电。

4）旋转气缸：实现机械手臂的正反转，由双向电磁阀控制。

5）左右限位传感器：机械手臂正转和反转到位后，左右限位传感器信号输出。

6）伸缩气缸：机械手臂伸出、缩回，由电磁阀控制。气缸上装有两个磁性开关，检测气缸伸出或缩回位置。

7）缓冲阀：旋转气缸高速正转和反转时，起缓冲减速作用。

三、气路原理图

如图 2-1-8 所示，本实训装置气动主要分为两部分。

气动元件介绍

1）气动执行元件部分：单出杆气缸、单出双杆气缸、旋转气缸和气动手爪。

2）气动控制元件部分：单向电磁阀、双向电磁阀、节流阀和磁性限位传感器。

四、气缸、电磁阀的使用

1. 笔形气缸

笔形气缸如图 2-1-9 所示，节流阀连接和调整原理如图 2-1-10 所示。

注意：气缸的正确运动使物料分到相应的位置，只要交换进出气的方向就能改变气缸的伸出（缩回）运动，气缸两侧的磁性开关可以识别气缸是否已经运动到位。

2. 双联气缸

双联气缸如图 2-1-11 所示。

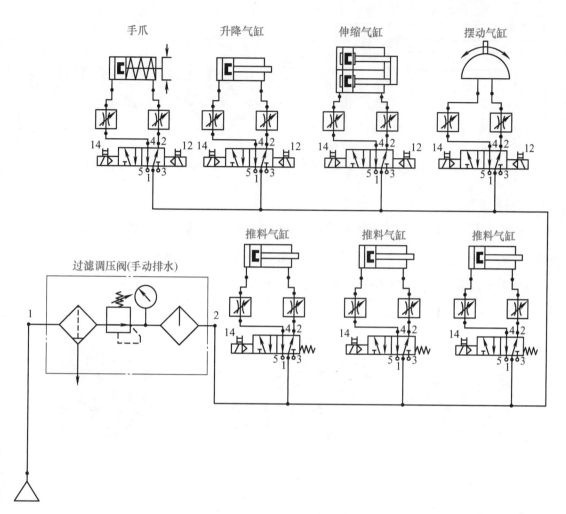

图 2-1-8 气路原理图

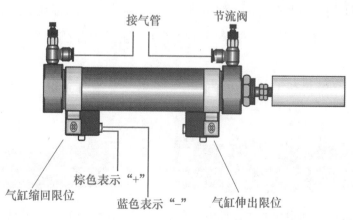

图 2-1-9 笔形气缸示意图

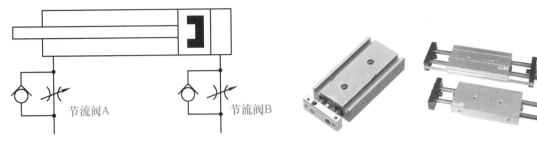

节流阀A　　　　　　节流阀B

图 2-1-10　节流阀连接和调整原理示意图　　　图 2-1-11　双联气缸

3. 摆动气缸

如图 2-1-12 所示，摆动气缸是一种利用压缩空气驱动输出轴在一定角度范围内做往复回转运动的气动执行元件，主要用于物体的移位、翻转、分类、夹紧、阀门的开闭以及机器人的手臂动作等。

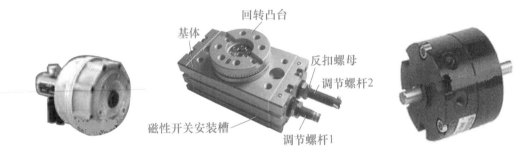

回转凸台

基体

反扣螺母

调节螺杆2

磁性开关安装槽

调节螺杆1

图 2-1-12　摆动气缸

4. 电磁阀

双向电磁阀和单向电磁阀分别如图 2-1-13 和图 2-1-14 所示。

双向电磁阀用来控制气缸进气和出气，从而实现气缸的伸出、缩回运动。电磁阀内装的红色指示灯有正负极性，如果极性接反了也能正常工作，但指示灯不会亮。

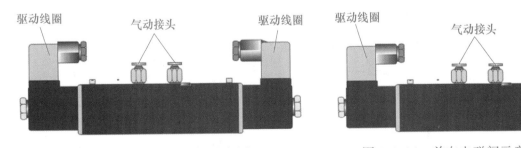

驱动线圈　　　气动接头　　　驱动线圈　　　驱动线圈　　　　气动接头

图 2-1-13　双向电磁阀示意图　　　　图 2-1-14　单向电磁阀示意图

单向电磁阀用来控制气缸单方向的运动，实现气缸的伸出、缩回运动。与双向电磁阀的区别在于：双向电磁阀的初始位置是任意的，可以随意控制两个方向，而单向电磁阀的初始位置是固定的，只能控制一个方向。

5. 气动手爪

气动手爪实物如图 2-1-15 所示。

图 2-1-15　气动手爪

气动手爪控制图如图 2-1-16 所示。

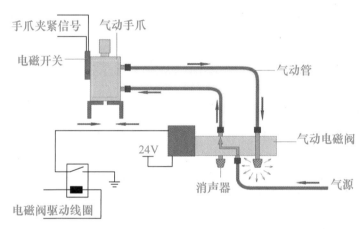

图 2-1-16　气动手爪控制图

当手爪由单向电磁阀控制时，电磁阀得电后手爪夹紧；电磁阀断电后手爪松开。当手爪由双向电磁阀控制时，手爪夹紧和松开分别由一个线圈控制，在控制过程中不允许两个线圈同时得电。

五、气源处理组件

如图 2-1-17 所示，气源处理组件主要由手阀（进气开关）、压力调节过滤器、弯头组成。

图 2-1-17　气源处理组件

如图2-1-18所示，气源处理组件的输入气源来自空气压缩机（见图2-1-19），所提供的压力为0.6~1.0MPa，输出压力为0~0.8MPa可调，输出的压缩空气送到各工作单元。

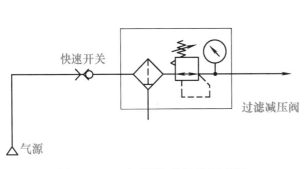

图 2-1-18 气源处理组件原理图

图 2-1-19 空气压缩机

【思考与练习】

一、填空题

1. 机械手主要由安装支架、_____、气动手爪、_____、伸缩气缸、传感器、缓冲阀、节流阀、_____等组成。

2. 安装气路时首先要保证气路通畅，应避免_____弯曲；其次要考虑布局合理，便于_____。

3. 机械手搬运机构能完成四个自由度的动作，即_____、手臂旋转、_____、手爪松紧。

4. 由双向电磁阀控制时，手爪夹紧和松开分别由一个线圈控制，在控制过程中不允许两个线圈同时_____。

5. 气源所提供的压力为_____MPa，输出压力为_____MPa可调。

二、选择题

1. （   ）用于调节或控制气压的变化，并保持降压后的压力值固定在需要的值上，确保系统压力的稳定性，减小因气源气压突变对阀门或执行器等硬件的损伤。

A. 干燥器　　　　B. 压力表　　　　C. 空气过滤器　　　　D. 油雾器

2. （　　）是液压与气压传动中两个最重要的参数。

A. 压力和流量　　B. 压力和负载　　C. 负载和速度　　D. 流量和速度

3. 流量决定执行元件的运动（　　）。

A. 流量　　　　　B. 负载　　　　　C. 速度　　　　　D. 多少

4. （　　）的往返运动是依靠压缩空气在缸内被活塞分隔开的两个腔室交替进入和排出来实现的，压缩空气可以在两个方向上做功。

A. 双作用气缸　　B. 单作用气缸　　C. 双出杆气缸　　　D. 摆动气缸

5. （　　）具有两个活塞杆。

A. 双作用气缸　　B. 单作用气缸　　C. 双出杆气缸　　　D. 摆动气缸

6. YL-235A 型实训装置上使用的传感器工作电压一般为（　　）。

A. 12V　　　　　B. 24V　　　　　C. 36V　　　　　D. 6V

7. 我国的工业频率是（　　）。

A. 45Hz　　　　　B. 50Hz　　　　　C. 55Hz　　　　　D. 60Hz

8. 中性线的作用就在于使星形联结的不对称负载的（　　）保持对称。

A. 线电压　　　　B. 相电压　　　　C. 相电流　　　　　D. 线电流

9. 压缩空气经过一系列控制元件后，将能量传递至（　　），以输出力（直线气缸）或者力矩（摆动气缸或气动马达）。

A. 动力元件　　　B. 执行元件　　　C. 控制元件　　　　D. 检测元件

10. 将压力能转换为驱动工作部件的机械能的能量转换元件是（　　）。

A. 动力元件　　　B. 执行元件　　　C. 控制元件　　　　D. 检测元件

11. 压缩空气站是气压系统的（　　）。

A. 执行装置　　　B. 辅助装置　　　C. 控制装置　　　　D. 动力源装置

12. 摆动气缸传递的是（　　）。

A. 力　　　　　　B. 转矩　　　　　C. 曲线运动　　　　D. 直线运动

三、问答题

1. 电磁阀内装的红色指示灯有正负极性，如果极性接反了能正常工作吗？有什么现象？

2. 对机械手进行组装有什么要求？

3. 摆动气缸的作用是什么？

任务2　机械手的调试

【能力目标】

1）能根据控制要求编写调试程序；

2）能按照电气原理图进行机械手的线路连接；

3）能对机械手进行模拟调试；

4）能正确输入程序，进行机械手的联机调试。

【使用材料、工具、设备】（见表2-2-1）

表2-2-1　材料、工具及设备清单

名称	型号或规格	数量
计算机	自行配置	1台
PLC 模块	$FX_{3U}-48MR$	1套
电源模块	三相电源总开关（带漏电和短路保护）1个，熔断器3只，单相电源插座两个，安全插座5个	1套
按钮模块	24V/6A、12V/2A各一组；急停按钮1只，转换开关两只，蜂鸣器1只，复位按钮黄色、绿色、红色各1只，自锁按钮黄色、绿色、红色各1只，24V指示灯黄色、绿色、红色各两只	1套
编程软件	GX Works2 编程软件	1套
接线端子	接线端子和安全插座	若干
连接导线	专配	若干
电工工具和万用表	电工工具套件及 MF30 型万用表	1套
内六角扳手	3mm、4mm、6mm、8mm 等套件	1套

【学习组织形式】

训练和学习以小组为单位，两人为一小组，共同制订计划并实施，协作完成机械手的调试。

【任务要求及实施】

一、任务要求

机械手的调试

按下启动按钮，如果物料检测光电传感器检测到物料，则机械手完成抓取动作，将物料放入落料口，请按要求完成下列任务：

1) 请按图 2-2-1 在实训台上安装好机械手和接线排；

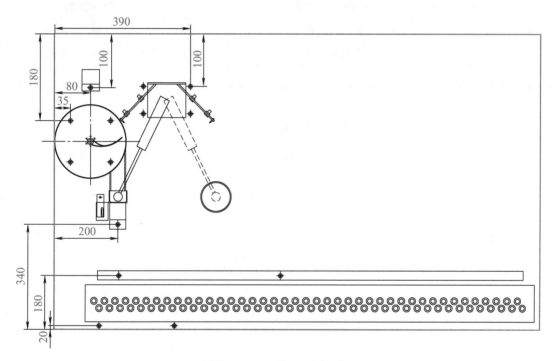

图 2-2-1 装配示意图

2) 请根据控制要求分配 I/O 地址，并画出电气原理图，并按电气原理图连接线路；

3) 根据控制要求编写 PLC 程序；

4) 根据要求进行通信连接测试，调试设备达到控制要求。

二、任务实施

1) PLC I/O 分配见表 2-2-2。

2) PLC 接线如图 2-2-2 所示。

3) 梯形图程序如图 2-2-3 所示。

表 2-2-2　I/O 分配

输入信号			输出信号		
序号	输入地址	说明	序号	输出地址	说明
1	X0	启动按钮	1	Y1	气爪夹紧
2	X1	停止按钮	2	Y2	气爪松开
3	X4	机械手旋转左限位传感器	3	Y3	手臂上升
4	X5	机械手旋转右限位传感器	4	Y4	手臂下降
5	X6	气动手臂伸出限位传感器	5	Y5	气动手臂伸出
6	X7	气动手臂缩回限位传感器	6	Y6	气动手臂缩回
7	X10	手臂提升限位传感器	7	Y7	旋转气缸左摆
8	X11	手臂下降限位传感器	8	Y10	旋转气缸右摆
9	X12	气动手爪传感器			

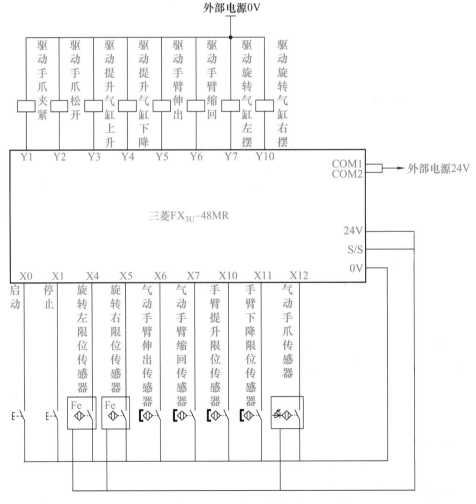

图 2-2-2　PLC 接线图

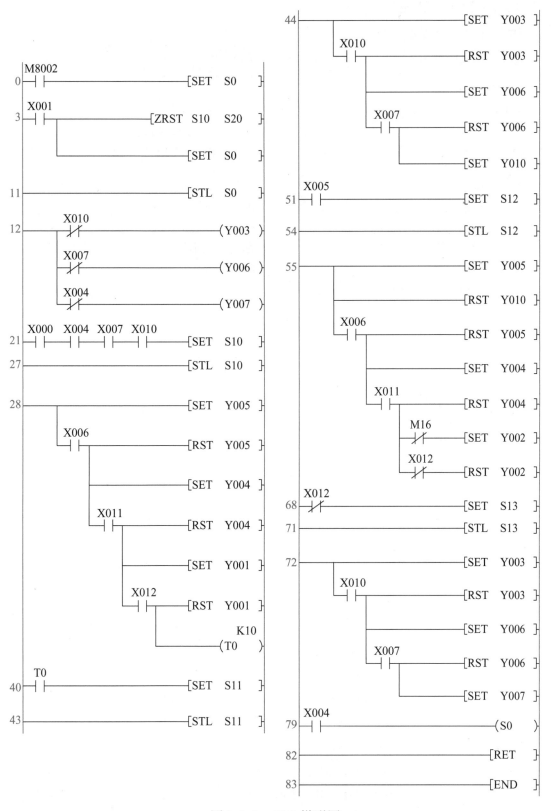

图 2-2-3 PLC 梯形图

4）ST 程序设计如下。

```
SET(M8002 OR 停止,S0);
ZRST(停止,S10,S20);

STL(1,S0);
SET(启动,S10);

STL(1,S10);
伸:=1;
下:=伸到位;
夹:=下到位;
OUT_T(夹到位,TC2,10);
SET(TS2,S11);

STL(1,S11);
上:=1;
缩:=上到位;
右:=缩到位;
SET(右到位,S12);

STL(1,S12);
伸:=1;
下:=伸到位;
松:=下到位;
OUT_T(NOT 夹到位,TC3,10);
SET(TS3,S13);

STL(1,S13);
上:=1;
缩:=上到位;
左:=缩到位;
SET(左到位,S0);

RET(1);
```

【考核标准及评价】

从知识与技能、学习态度与团队意识和工作与职业操守三方面进行综合考核，具体的评价标准见表 2-2-3。

表 2-2-3　考核评价表

考核能力	考核方式	评价标准与得分				
		标准	分值	互评	师评	得分
知识与技能（70分）	教师评价+互评	电路安装是否正确，接线是否规范	10分			
		旋转气缸运行是否正常	15分			
		提升气缸运行是否正常	15分			
		伸缩气缸运行是否正常	15分			
		气动手爪运行是否正常	15分			
学习态度与团队意识（15分）	教师评价	学习积极性高，有自主学习能力	3分			
		有分析和解决问题的能力	3分			
		能组织和协调小组活动过程	3分			
		有团队协作精神，能顾全大局	3分			
		有合作精神，热心帮助小组其他成员	3分			

（续）

考核能力	考核方式	评价标准与得分				
		标准	分值	互评	师评	得分
工作与职业操守 （15分）	教师评价 +互评	有安全操作、文明生产的职业意识	3分			
		诚实守信，实事求是，有创新精神	3分			
		遵守纪律，规范操作	3分			
		有节能环保和产品质量意识	3分			
		能够不断自我反思、优化和完善	3分			

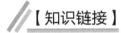【知识链接】

磁性开关试验1

一、磁性开关

在本任务中，磁性开关主要用来检测气缸活塞的位置，即检测活塞的运动行程。它可分为有触点式和无触点式两种。本任务实训装置上用的磁性开关均为有触点式的，通过机械触点的动作实现开关的通（ON）和断（OFF），其外观及电路符号如图2-2-4所示。

磁性开关试验2

磁性开关有蓝色和棕色两根引出线。使用时，蓝色引出线应连接到PLC公共端，棕色引出线应连接到PLC输入端。磁性开关的内部电路如图2-2-5点画线框内所示，为了防止实训时错误接线损坏磁性开关，YL-235A型实训装置上所有磁性开关的棕色引出线都串联了电阻和二极管支路。因此，使用时若引出线极性接反，该磁性开关不能正常工作。

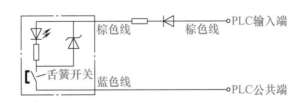

图 2-2-4 磁性开关外观及电路符号　　　图 2-2-5 磁性开关原理图和接线图

在设计、加工、安装、调试等方面，用磁性开关来检测活塞的位置比使用其他限位开关简单、省时。磁性开关触点电阻小，一般为 $50 \sim 200 \mathrm{m\Omega}$，吸合功率小，过载能力较差，只适用于低压电路。

磁性开关的使用注意事项：

1）安装时，不得让磁性开关承受过大的冲击力；

2）不要把连接导线与动力线（如电动机等）、高压线等放在一起；

3）磁性开关的配线不能直接接到电源上，必须串接负载，且负载绝不能短路，以免烧坏开关；

4）带指示灯的有触点磁性开关，当电流超过其最大工作电流时，发光二极管会损坏；若电流小于工作电流，发光二极管会变暗或不亮。

二、电感式传感器

电感式传感器试验

电感式传感器由高频振荡、检波、放大、触发及输出等电路组成。振荡器在传感器检测面产生一个交变电磁场，当金属物料接近传感器检测面时，金属中产生的涡流吸收了振荡器的能量，使振荡减弱以至停止。振荡器的振荡及停振两种状态转换为电信号，通过检波、整形放大后转换成二进制的开关信号，经功率放大后输出。

电感式传感器如图 2-2-6 所示。它体积小，安装方便，动作频率可高达 2500Hz，拥有极性保护和过载保护能力等。

图 2-2-6　电感式传感器及其电路符号

三、光电传感器

光电传感器试验

光电传感器是一种红外调制型无损检测传感器，采用高效红外发光二极管、光电三极管作为光电转换元件，分为同轴反射和对射型。在本实训装置中均采用同轴反射型光电传感器，它们具有体积小、使用简单、性能稳定、寿命长、响应速度快、抗冲击、抗振动、接收信号不受外界干扰等特点。

光电传感器又称为光电开关，主要由发射器、接收器和检测电路组成。当前方有物体时，接收器就能接受到物体反射过来的部分光线，通过检测电路产生电信号输出使开关动作。因此，光电传感器是通过把光强度的变化转换成电信号的变化实现检测的。物料传送及分拣机构中使用的光电传感器为直流三线制，其接线方法和光纤传感器相同。

光电传感器及其电路符号如图 2-2-7 所示。其具体参数：检测距离为 3 ~ 100mm；额定电压为 DC10 ~ 30V；额定电流为 DC200mA；通态压降 < DC2.5V；空载消耗电流

图 2-2-7　光电传感器及其电路符号

<10mA；响应时间<3ms。

四、光纤传感器

光纤传感器及其电路符号如图 2-2-8 所示。它主要由光纤检测头和放大器两部分组成，它们是分离的两个部分。其检测头的尾端分成两条光纤，使用时分别插入放大器的两个光纤孔，如图 2-2-9 所示。

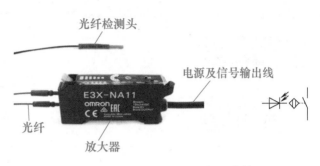

图 2-2-8 光纤传感器及其电路符号

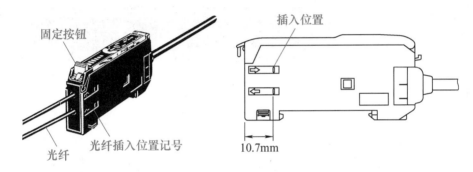

图 2-2-9 光纤传感器放大器单元安装示意图

光纤传感器也是光电传感器的一种。相对于传统电量型传感器（热电偶、热电阻、压阻式、磁电式），它具有下述优点：抗电磁干扰，适用于恶劣环境，传输距离远，使用寿命长。此外，由于光纤检测头具有较小的体积，所以可以安装在空间很小的地方。E3X - NA11 型光纤传感器反射入光量与入光量指示灯的关系见表 2-2-4。

表 2-2-4 E3X - NA11 型光纤传感器反射入光量与入光量指示灯的关系

入光量指示灯的状态	动作指示灯的状态	入光量
	灯灭	入光量为动作量的 80% 以下，无输出信号
	灯灭	入光量为动作量的 80% ~ 90% 时，无输出信号
	灯灭	入光量为动作量的 90% ~ 110% 时，输出信号不稳定

（续）

入光量指示灯的状态	动作指示灯的状态	入光量
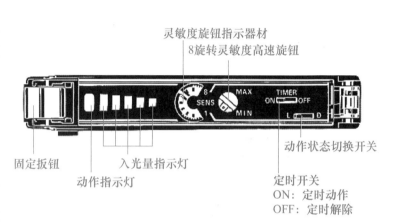	灯亮	入光量为动作量的110%～120%时，有输出信号
	灯亮	入光量为动作量的120%以上，有输出信号

光纤传感器的放大器的灵敏度调节范围较大，如图2-2-10所示。当光纤传感器灵敏度调得较小时，对于反射性较差的黑色物体，光纤检测头无法接收到反射信号；而对于反射性较好的白色物体，光纤检

灵敏度旋钮指示器材
8旋转灵敏度高速旋钮

固定扳钮
动作指示灯
入光量指示灯

动作状态切换开关

定时开关
ON：定时动作
OFF：定时解除

图 2-2-10　光纤传感器的调节示意图

光纤传感器试验

测头就可以接收到反射信号。反之，若调高光纤传感器灵敏度，则即使对于反射性较差的黑色物体，光纤检测头也可以接收到反射信号。可以通过调节灵敏度判别黑白两种颜色的物体，将两种物料区分开，从而完成自动分拣工序，如图2-2-11所示。

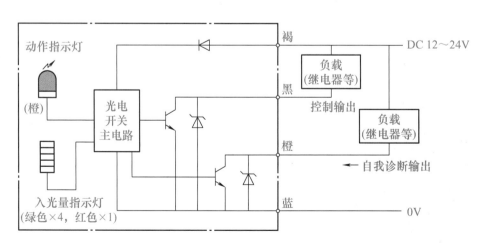

图 2-2-11　光纤传感器的原理图

三线式电感传感器、光电传感器、光纤传感器的接线方式如图 2-2-12 所示。

注：传感器连接时，一定要按接线图进行，否则会损坏传感器的磁性开关。

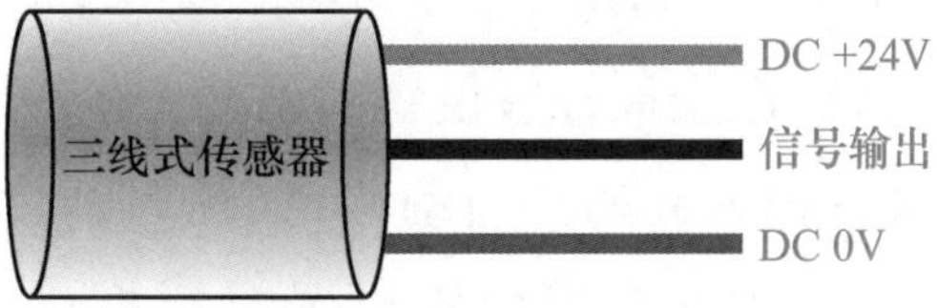

图 2-2-12　三线式传感器接线方式

五、漫反射式光电接近开关

漫反射式光电接近开关如图 2-2-13 所示。它是利用光照射到被测物体上后反射回来的光线而工作的，由于物体反射的光线为漫反射光，故称为漫反射式光电接近开关。它的光发射器与光接收器处于同一侧位置，且为一体化结构，如图 2-2-14 所示。在工作时，光发射器始终发射检测光，若接近开关前方一定距离内没有物体，则没有光被反射到接收器，接近开关处于常态而不动作；反之，若接近开关的前方一定距离内出现物体，只要反射回来的光强度足够，则接收器接收到足够的漫反射光，就会使接近开关动作而改变输出的状态。

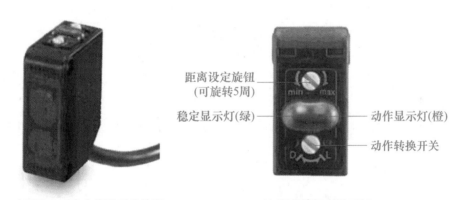

a) E3Z-L型光电接近开关外形　　　　b) 调节旋钮和显示灯

图 2-2-13　漫反射式光电接近开关

六、ST 编程知识

使用标签进行编程，有利于增强程序的可读性，提高编程效率。

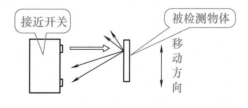

图 2-2-14　漫反射式光电接近开关原理图

1）选择工程视窗中的"全局标签"→"Global1"，进行双击如图 2-2-15 所示，将显示全局标签设置界面。

2）在全局标签设置；对话框中的"类"列，单击下拉列表框，选择"VAR_

GLOBAL",如图 2-2-16 所示。

3）在全局标签设置对话框中的"标签名"列中进行输入，如"启动"，如图 2-2-17 所示。

4）单击全局标签设置对话框中的"数据类型"列后面的 ⬚...⬚，弹出"数据类型选择"对话框，如图 2-2-18 所示。

按"对象"→"类型分类"→"数据类型"→"数组元素"的顺序进行设置：

① 对象：<全部>；

② 类型分类：基本数据；

③ 数据类型：Bit（位）；

图 2-2-15　全局标签设置

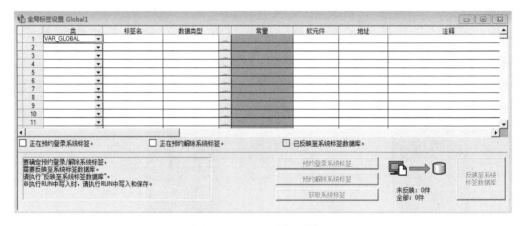

图 2-2-16　"类"设置

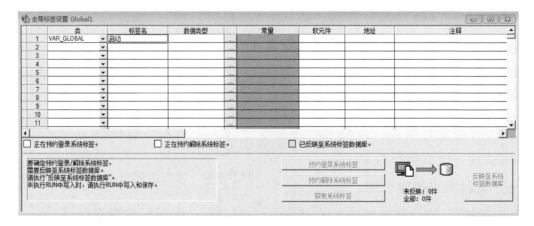

图 2-2-17　"标签名"输入

④ 数组元素：无勾选。

设置完成后单击"确定"按钮，关闭"数据类型选择"对话框。设置完成后的全局标签如图2-2-19所示。

5）在全局标签设置对话框中的"软元件"列中进行输入，如"X000"。设置软元件时，地址将被自动设置，如图2-2-20所示。

6）重复以上步骤，设置编程所需要的其他标签，如图2-2-21所示。

图2-2-18　数据类型选择对话框

图2-2-19　全局标签设置完成

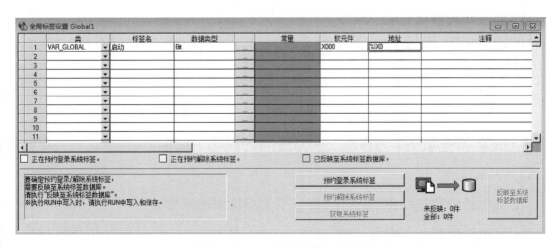

图2-2-20　"软元件"设置

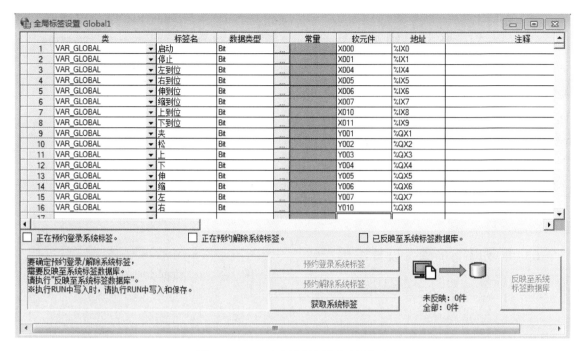

图 2-2-21　全局标签的完整设置

【思考与练习】

一、填空题

1. 磁性开关主要用来检测_____的位置，即检测活塞的运动_____。

2. 磁性开关可分为_____和_____两种。

3. 磁性开关触点电阻一般为_____ mΩ。

4. 电感式传感器的检测距离约为_____ mm，光电传感器的检测距离约为_____ mm。

5. 光纤传感器由_____和_____两部分组成。

6. 电感式接近传感器由_____、检波、放大、_____等电路组成。

7. 光电传感器是一种_____型无损检测传感器。

8. 光电传感器的工作方式有_____和_____型。

二、选择题

1. 在 PLC 的梯形图中，线圈（　　　）。

A. 必须放在最左边　　　　　　　　B. 必须放在最右边

C. 可放在任意位置　　　　　　　　D. 可放在所需处

2. PLC 的 I/O 信号控制中属于无源开关的有按钮、继电器、（　　　）等。

A. 接近开关　　　　B. 编码器　　　　C. 光电开关　　　　D. 控制开关

3. PLC 的整个工作过程分为五个阶段，当 PLC 通电运行时，第四个阶段应为（　　　）。

A. 与编程器通信　　B. 执行用户程序　　C. 读入现场信号　　D. 自诊断

4. PLC 依据负载不同，输出接口有（　　　）种类型。

A. 3　　　　　　　　B. 1　　　　　　　　C. 2　　　　　　　　D. 4

5. PLC 整个工作过程分为五个阶段，当 PLC 通电运行时，第一个阶段应为（　　　）。

A. 与编程器通信　　B. 执行用户程序　　C. 读入现场信号　　D. 自诊断

6. 国内外 PLC 各生产厂家通常把（　　　）作为第一用户编程语言。

A. 梯形图　　　　　B. 指令表　　　　　C. 逻辑功能图　　　　D. 语言

7. PLC 主机和外部电路的通信方式采用（　　　）。

A. 输入采用软件，输出采用硬件

B. 输出采用软件，输入采用硬件

C. 输入、输出都采用软件

D. 输入、输出都采用硬件

8. PLC 的 RS‑485 专用通信模块的通信距离是（　　　）。

A. 1200m　　　　　B. 200m　　　　　C. 500m　　　　　D. 15m

9. 现有设备所使用的电源电压为交流 380V，如果现场只能提供交流 220V 的电压，必须将（　　　）器件（除空压机外）更换成（　　　）器件，设备才能使用、运行。

A. 三相变频器　单相变频器　　　　B. 三相异步电动机　单相异步电动机

C. 单相变频器　三相变频器　　　　D. 单相异步电动机　三相异步电动机

三、问答题

1. 简述电感式接近传感器的工作原理。

2. 简述磁性开关的使用注意事项。

3. 光纤传感器的灵敏度是不是越高越好，为什么？

4. 漫反射式光电开关的原理是什么？

项目3

物料传送及分拣机构的组装与调试

任务1　物料传送及分拣机构的组装

【能力目标】

1）能看懂物料传送及分拣机构的装配示意图；

2）能根据装配示意图组装物料传送及分拣机构；

3）能根据要求进行水平度测量与调整、两轴同轴度的测量与调整、两轴平行度的测量与调整；

4）能按照气动系统图连接物料传送及分拣机构的气动回路；

5）能看懂端子接线图，并进行线路连接。

【使用材料、工具、设备】（见表3-1-1）

表 3-1-1　材料、工具及设备清单

名称	型号或规格	数量
内六角扳手	3mm、4mm、6mm、8mm 等套件	1 套
水平尺	HD-96D	1 根
电工工具和万用表	电工工具套件及 MF30 型万用表	1 套
实训桌	1190mm×800mm×840mm	1 张
落料口装置	专配	1 只
皮带输送机部件	三相减速电动机（380V，输出转矩为 40r/min）1 台，传送带 1335mm×49mm×2mm 1 条，输送机构 1 套	1 套
物件分拣机构部件	单作用单杆气缸 3 只，金属传感器 1 只，光纤传感器两只，光电传感器 1 只，磁性开关 6 只，料槽 3 个，单向电磁阀 3 只	1 套
气管	Φ4mm、Φ6mm	若干
接线端子模块	接线端子和安全插座	1 块

【学习组织形式】

训练和学习以小组为单位，两人为一小组，共同制订计划并实施，协作完成物料传送及分拣机构的组装。

【任务要求及实施】

一、任务要求

物料传送及分拣机构主要用于实现对落料口的物料进行传送，并按物料的性质进行分拣。本任务根据图 3-1-1 所示装配示意图中各部件的安装尺寸（单位：mm）要求，对物料传送及分拣机构进行组装，并按照端子接线布置图、气动系统图完成端子线路和气动回路的连接。

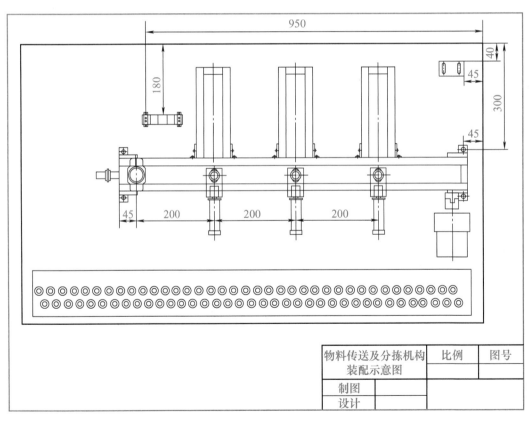

图 3-1-1　物料传送及分拣机构装配示意图

安装要求如下：

1）皮带输送机纵向应保持水平状态，运行应平稳、张紧度适中、无打滑与跳动现象。

2）气管与接头的连接必须可靠，确保不漏气。

3）电动机轴与皮带输送机主轴应在同一直线上。

4）按实际要求调整传感器的安装高度、检测灵敏度。

5）各部件的安装应牢固、无松动现象。

二、任务实施

1. 物料传送及分拣机构的组装

物料传送及分拣机构主要由落料口、皮带输送机、推料气缸、料槽、三相异步电动机、传感器、电磁阀及气源等组成，如图 3-1-2 所示。它的组装主要包括皮带输送机的组装、落料口传感器的组装、落料口的组装、推料气缸的组装、料槽的组装、三相异步电动机的组装、电磁阀组的组装，以及水平度测量与调整、两轴同轴度的测量与调整、两轴平行度的测量与调整等。

传送机构组装

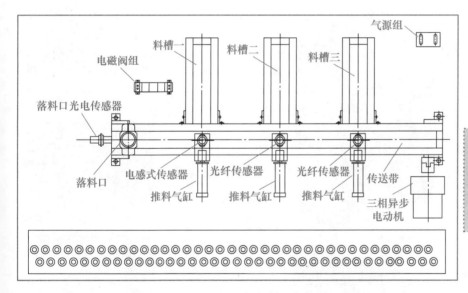

皮带输送机机架安装

图 3-1-2　物料传送及分拣机构元器件名称及位置

（1）皮带输送机的组装　按照装配示意图完成皮带输送机机架的组装，并将皮带输送机固定在实训台上，具体的组装步骤与方法见表 3-1-2。

皮带输送机机架预装

表 3-1-2 皮带输送机的组装步骤与方法

皮带输送机的组装步骤与方法			
① 安装支架及一侧横梁，用内六角扳手拧紧螺钉		② 在主轴辊筒和传送带辊筒上套上传送带	
③ 将主轴辊筒和传送带嵌入横梁端		④ 在传送带中间将托辊嵌入横梁端	
⑤ 安装上方另一侧横梁		⑥ 用内六角扳手拧紧横梁两端固定螺钉	
⑦ 调节螺钉，使主轴辊筒与传送带辊筒平行，传送带松紧适度		⑧ 用内六角扳手拧紧两侧固定螺钉	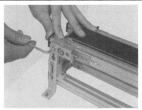
⑨ 根据装配示意图在确定的安装槽中推入固定螺母		⑩ 放上皮带输送机，旋进固定螺母，但不要旋紧	
⑪ 用直尺量出皮带输送机机架与实训台右侧的距离为45mm，与上端距离为300mm		⑫ 螺钉穿过底脚与螺母配合后，逐一旋紧螺钉，即可完成机架的固定	
⑬ 用直尺测量并调整皮带输送机机架高度		⑭ 用水平尺观察，微调机架两侧的高度，使传送带处于水平状态，拧紧螺钉	

注意：

1）传送带应安装在辊筒的中间位置，以防止皮带输送机在运行过程中磨损皮带。

2）安装时要注意调节主轴辊筒和传送带辊筒间的平行度，确保传送带处于水平状态，否则会造成传送过程物料倾斜。

3）传送带的张紧程度要适当，否则会造成传送带打滑、跳动或卡死。

（2）落料口传感器的组装　见表3-1-3。

表3-1-3　落料口传感器的组装步骤与方法

落料口传感器的组装步骤与方法	
① 将落料口传感器安装在支架上，但不要旋紧。待落料口安装好后，调整好位置再旋紧 	② 将支架固定螺钉旋进固定螺母，但不要旋紧。待落料口安装好后，调节好高度再旋紧 

（3）落料口的组装　见表3-1-4。

表3-1-4　落料口的组装步骤与方法

落料口的组装步骤与方法	
① 将落料口用支架固定，旋紧螺钉 	② 将落料口安装在皮带输送机上，固定时要注意光电传感器的感应距离 

注意：

1）落料口起物料入料定位作用，安装时，左侧要与传送带边沿保持一定距离，保证物料能平稳地落在传送带上。

2）落料口传感器的固定高度要合适，确保物料检测正确。

（4）推料气缸的组装　见表3-1-5。

（5）料槽的组装　见表3-1-6。

料槽的组装

表 3-1-5　推料气缸的组装步骤与方法

推料气缸的组装步骤与方法	
① 按照装配示意图要求，将推料气缸的支架安装在皮带输送机上，注意安装位置，拧紧螺钉 	② 将推料气缸安装在支架上，旋紧固定螺栓 
③ 将电感式传感器安装在支架上，固定时要注意传感器的感应距离 	④ 将六个磁性开关分别安装在三个推料气缸上，固定时要注意传感器的感应距离 
⑤ 将光纤放大器的前部嵌入 DIN 导轨，然后将后部压入 	⑥ 将光纤传感器的光纤检测头安装在支架上，固定时要注意传感器的感应距离 

表 3-1-6　料槽的组装步骤与方法

料槽的组装步骤与方法	
① 将支架安装在料槽上，不要旋紧固定螺钉，便于调节 	② 将料槽安装在皮带输送机上，并调整料槽使之与推料气缸保持在同一中心线上，确保推料动作准确。最后旋紧支架上的所有固定螺钉 

注意：

1）在安装检测传感器时，要注意传感器与物料之间的感应距离，防止物料漏检。

2）为了准确把物料推入料槽，需要仔细地调整料槽与推料气缸的位置。

（6）三相异步电动机的组装　见表 3-1-7。

表 3-1-7　三相异步电动机的组装步骤与方法

三相异步电动机的组装步骤与方法			
① 在皮带输送机主轴上套上联轴器套筒，拧紧螺钉		② 将弹性滑块嵌入套筒	
③ 将电动机固定在安装支架上，在电动机轴上套上联轴器套筒，拧紧螺钉		④ 调整电动机轴与皮带输送机轴的高度，对接两个联轴器套筒，推进电动机	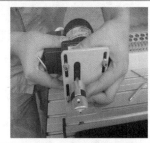
⑤ 检查电动机轴与皮带输送机主轴是否在同一直线上		⑥ 符合要求后，将电动机支架与实训台的螺钉拧紧	

注意：电动机安装完成后，试旋转电动机，观察电动机与皮带输送机连接是否正常。

（7）电磁阀组的组装　见表 3-1-8，将电磁阀集中安装在集装式底板上。集装式底板上有三排通道，中间一排为进气通道，与进气口 P 相连，其余两排是排气通道，与带消声器的排气口相连。

电磁阀调试

表 3-1-8　电磁阀组的组装步骤与方法

电磁阀组的组装步骤与方法			
① 在集成式底板上嵌入橡胶密封垫	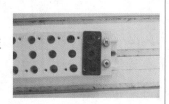	② 将电磁阀安装在集成式底板上，安装时要注意进气和排气口，拧紧螺钉	

（续）

电磁阀组的组装步骤与方法		
③ 根据装配示意图测量并调整电磁阀组的安装距离，拧紧螺钉		

注意：安装电磁阀组时，要注意气体流动方向，分清进气口和排气口。如进气口和排气口接错就不能正常工作。

2. 气路的连接

（1）气路连接的方法

1）根据元器件在实训台上的位置，合理选取气管（尼龙软管）的长度。

2）YL-235A 型实训装置采用尼龙软管快插式连接。安装时，首先要保证气路通畅，应避免直角或锐角弯曲；其次要考虑布局合理，便于检测维修。

3）将气管插入接头时，应手持气管端部轻轻压入，使气管通过弹簧片和密封圈到达底部，保证气路连接可靠、牢固、密封。

4）将气管从接头拔出时，应先手持气管向接头里侧推一下，然后压下接头上的蓝色卡盘再拔出，禁止强行拔出。

（2）气路连接的步骤

1）气源由气泵经过调压阀进入电磁阀组，参见图 2-1-3。

2）电磁阀组与气缸上的单向节流阀相连，参见图 2-1-4。

3）整理、固定气管。将连接好的气管用塑料扎带捆扎起来，捆扎间距一般为 50～80mm，间距要均匀，参见图 2-1-5。

3. 将元器件的引线连接到接线端子

如图 3-1-3 所示，将元器件的引线连接到接线端子。

（1）接线要求

1）所有导线与接线端子连接时，接线头必须要使用接线针。

2）导线两端要套上号码管并编号，所有导线应置于线槽内。

3）每个接线端子上的连接导线不能超过两根。

4）所有导线与接线端子的连接要牢固、可靠。

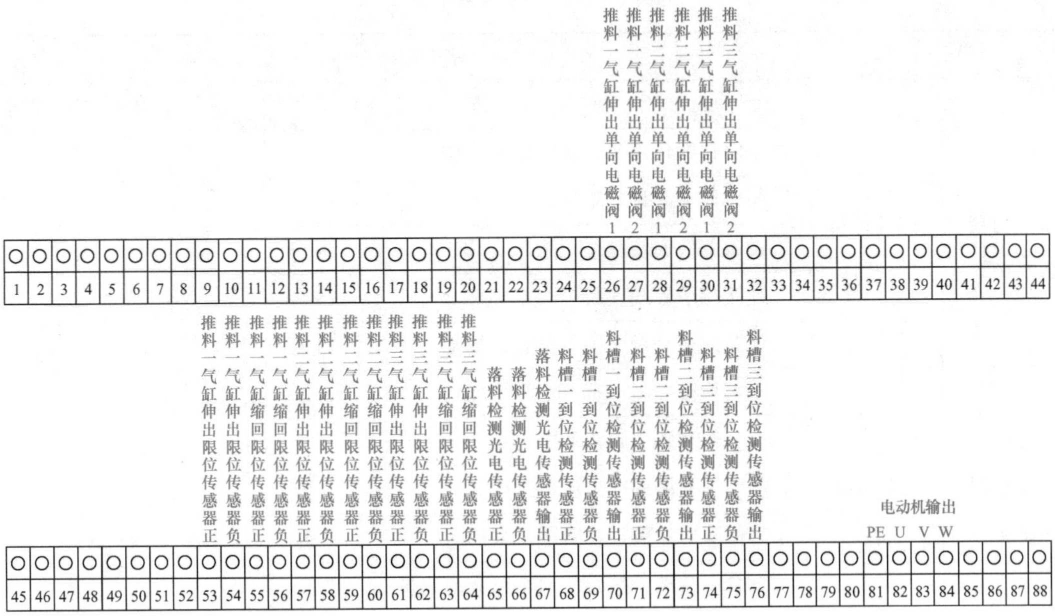

推料一气缸伸出单向电磁阀1　推料一气缸伸出单向电磁阀2　推料二气缸伸出单向电磁阀1　推料二气缸伸出单向电磁阀2　推料三气缸伸出单向电磁阀1　推料三气缸伸出单向电磁阀2

| 1 | 2 | 3 | 4 | 5 | 6 | 7 | 8 | 9 | 10 | 11 | 12 | 13 | 14 | 15 | 16 | 17 | 18 | 19 | 20 | 21 | 22 | 23 | 24 | 25 | 26 | 27 | 28 | 29 | 30 | 31 | 32 | 33 | 34 | 35 | 36 | 37 | 38 | 39 | 40 | 41 | 42 | 43 | 44 |

推料一气缸伸出限位传感器正　推料一气缸伸出限位传感器负　推料一气缸缩回限位传感器正　推料一气缸缩回限位传感器负　推料二气缸伸出限位传感器正　推料二气缸伸出限位传感器负　推料二气缸缩回限位传感器正　推料二气缸缩回限位传感器负　推料三气缸伸出限位传感器正　推料三气缸伸出限位传感器负　推料三气缸缩回限位传感器正　推料三气缸缩回限位传感器负　落料检测光电传感器正　落料检测光电传感器负　落料检测光电传感器输出　料槽一到位检测传感器正　料槽一到位检测传感器负　料槽一到位检测传感器输出　料槽二到位检测传感器正　料槽二到位检测传感器负　料槽二到位检测传感器输出　料槽三到位检测传感器正　料槽三到位检测传感器负　料槽三到位检测传感器输出　电动机输出 PE U V W

| 45 | 46 | 47 | 48 | 49 | 50 | 51 | 52 | 53 | 54 | 55 | 56 | 57 | 58 | 59 | 60 | 61 | 62 | 63 | 64 | 65 | 66 | 67 | 68 | 69 | 70 | 71 | 72 | 73 | 74 | 75 | 76 | 77 | 78 | 79 | 80 | 81 | 82 | 83 | 84 | 85 | 86 | 87 | 88 |

注：1. 光电传感器引出线：棕色线表示"正"，接+24V；蓝色线表示"负"，接0V；黑色线表示"输出"，接PLC输入端
　　2. 磁性开关引出线：蓝色线表示"负"，接0V；棕色线表示"正"，接PLC输入端
　　3. 电磁阀组引出线："1"接"+24V"，"2"接"0V"

图 3-1-3　端子接线布置图

（2）连接传感器至接线端子　根据端子接线布置图将物料传送及分拣机构中用到的两种传感器即直流两线制（棕色和蓝色）和直流三线制（棕色、蓝色和黑色）传感器的引出线连接到接线端子，图中"正"为棕色、"负"为蓝色、"输出"为黑色。

（3）连接电磁阀组至接线端　物料传送及分拣机构中使用的电磁阀组是单向电磁阀，只有一个线圈。根据端子接线布置图将电磁阀组的引出线连接到接线端子。

（4）连接电动机至接线端　根据端子接线布置图将电动机的引出线连接到接线端子。

【考核标准及评价】

从知识与技能、学习态度与团队意识和工作与职业操守三方面进行综合考核，具体的评价标准见表3-1-9。

表 3-1-9　考核评价表

考核能力	考核方式	评价标准与得分				
		标准	分值	互评	师评	得分
知识与技能（70分）	教师评价＋互评	了解物料传送及分拣机构的结构	10分			
		能按要求制订实施计划	10分			
		设备部件安装是否正确	20分			
		连接端子导线安装是否正确	15分			
		气路连接是否正确、美观、规范	15分			
学习态度与团队意识（15分）	教师评价	学习积极性高，有自主学习能力	3分			
		有分析和解决问题的能力	3分			
		能组织和协调小组活动过程	3分			
		有团队协作精神，能顾全大局	3分			
		有合作精神，热心帮助小组其他成员	3分			
工作与职业操守（15分）	教师评价＋互评	有安全操作、文明生产的职业意识	3分			
		诚实守信，实事求是，有创新精神	3分			
		遵守纪律，规范操作	3分			
		有节能环保和产品质量意识	3分			
		能够不断自我反思、优化和完善	3分			

【知识链接】

一、识读气动系统图

气动系统主要由能源部件、控制元件、执行元件及辅助装置组成。将压缩空气的压力转换成工作动力的元件称为执行元件；能控制压缩空气流量、方向、压力的元件称为控制元件。

用图形符号来表示系统中元件之间的连接、气体流动的方向和系统实现的功能，这种图形称为气动系统图或气动回路图，如图3-1-4所示。

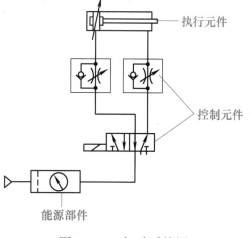

图 3-1-4　气动系统图

图 3-1-5 所示物料传送及分拣机构气动系统图，图中的执行元件是三个双作用单杆气缸，控制元件是三个两位五通单控电磁换向阀和六个单向节流阀，还配有气动二联件及辅助元件。

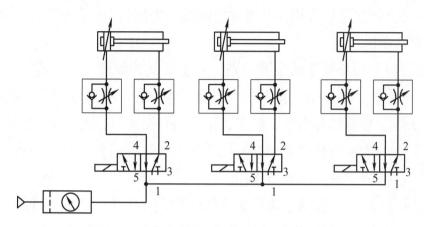

图 3-1-5　物料传送及分拣机构气动系统图

物料的分拣主要靠电磁阀控制推料气缸活塞杆的伸缩来实现。当电磁阀得电时，单控电磁换向阀控制气缸活塞杆伸出；当电磁阀断电时，单控电磁换向阀在弹簧的作用下复位，控制气缸活塞杆缩回。每个气缸的进气、出气口都装有单向节流阀，共同构成换向、调速回路，调节单向节流阀，可以改变气缸运动的速度。

二、物料传送及分拣机构的结构组成

物料传送及分拣机构的结构组成如图 3-1-6 所示。它主要由落料口、皮带输送机、推料气缸、料槽、三相异步电动机、检测传感器及电磁换向阀等组成。

物料传送及
分拣机构的拆卸

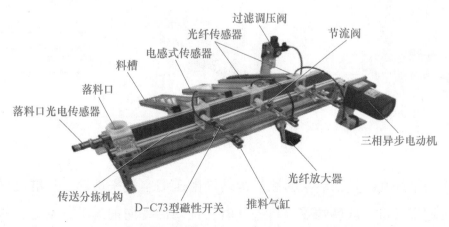

图 3-1-6　物料传送及分拣机构的结构组成

下面对物料传送及分拣机构中主要组成部分进行介绍，前面项目已介绍内容在此不做赘述。

1. 落料口

落料口起到物料定位作用，并通过左侧的光电传感器检测物料，传送信号。

2. 皮带输送机

皮带输送机是物料运输的主要设备，其主要结构如图 3-1-7 所示。它主要由固定机架、脚支架、传送带、传动轴（传送带辊筒）、张紧装置、主轴和传动装

皮带输送机
附件安装

置等部件组成。固定机架为铝合金型材，起框架结构作用；机架上装有传送带辊筒、托辊等，用于带动和支承传送带；脚支架起固定及高度调节作用。

皮带输送机传送物料的原理：由电动机带动主轴辊筒转动，传送通过主轴辊筒和传送带辊筒之间的静摩擦、物料与传送带之间的静摩擦，使物料和传送带同时运动。

图 3-1-7 皮带输送机

3. 双作用单杆气缸

物料传送及分拣机构上用的推料气缸是双作用单杆气缸，如图 3-1-8 所示。它主要由前端盖、后端盖、活塞、活塞杆、缸筒及其他一些零件组成。

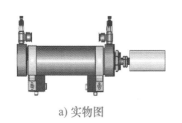
a) 实物图

b) 结构示意图
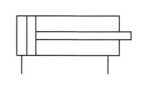
c) 图形符号

图 3-1-8 双作用单杆气缸

双作用单杆气缸是指活塞的往复运动均由压缩空气来推动，气缸的两个端盖上都设有进排气口，从后端盖气口进气时，推动活塞向前运动；反之，从前端盖气口进气时，推动活塞向后运动。

4. 单向节流阀

为了使气缸的动作平稳可靠，应对气缸的运动速度加以控制，在物料传送及分拣机构上使用单向节流阀来实现速度控制。如图 3-1-9 所示，单向节流阀是由单向阀和节流阀并联而成的流量控制阀，常用于控制气缸的运动速度，所以也称为速度控制阀。

单向节流阀的工作原理是当压缩空气从左侧进入时，单向密封圈被压在阀体上，气体经节流阀节流后从底部排气口流出，达到调节流量的作用。当压缩空气从底部进入时，单向密封圈在压缩空气的作用下向上翘起，单向阀打开，不再节流。

单向节流阀上带有气管的快速接头，只要将合适外径的气管插在快速接头上就可以将气管连接好。

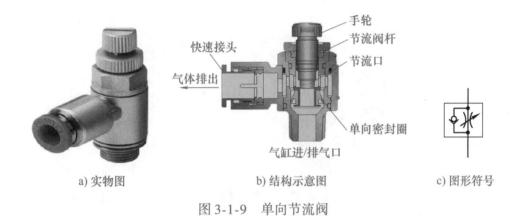

a) 实物图　　　　　b) 结构示意图　　　　　c) 图形符号

图 3-1-9　单向节流阀

5. 旋转编码器

（1）编码器简介　编码器是一个机械与电子紧密结合的精密测量器件。它通过光电原理或电磁原理将一个机械的几何位移量转换为电子信号（电子脉冲信号或者数据串）。这种电子信号通常需要连接到控制系统（PLC、高速计数模块、变频器等），控制系统经过计算便可得到测量的数据，以便进行下一步工作。编码器一般应用于机械角度、速度、位置的测量，常见编码器如图 3-1-10 所示。

外径为38mm的空心编码器　　外径为30mm的空心编码器

图 3-1-10　常用编码器

（2）增量式旋转编码器的工作原理　增量式旋转编码器有一个中心带轴的光

电码盘，其上有环形光栅，有光电发射和接收器件，如图 3-1-11 所示。旋转编码器旋转时获得 A、B 两相脉冲，两相脉冲相差 90° 相位差，另每转输出一个 Z 相脉冲以代表零位参考位。由于 A、B 两相相差 90°，可通过比较 A 相在前还是 B 相在前来判别编码器的正转与反转，通过零位脉冲可获得编码器的零位参考位，如图 3-1-12a 所示。

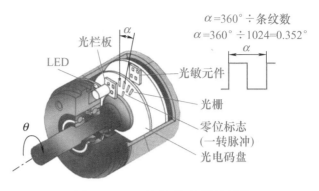

图 3-1-11　旋转编码器的结构

编码器以每旋转 360° 提供多少通或暗刻线作为分辨率，也称解析分度或直接称多少线，一般每转为 5 ~ 10000 线，如图 3-1-12b 所示。

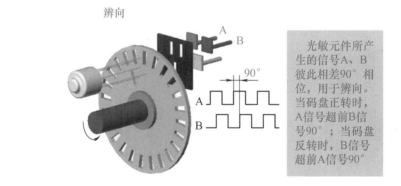

a) 旋转编码器原理

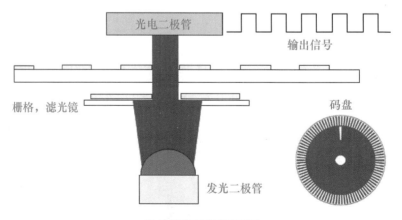

b) 旋转编码器读取原理

图 3-1-12　旋转编码器原理及读取

（3）增量式旋转编码器的使用　以三菱 FX_{3U}-48MR 型 PLC 和增量式旋转编码器连接为例进行介绍，如图 3-1-13 所示。

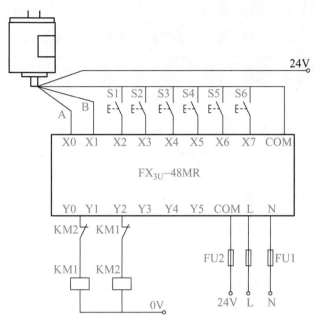

图 3-1-13 增量式旋转编码器接线方式

FX$_{3U}$-48MR 型 PLC 高速计数器的读取方式见表 3-1-10。

表 3-1-10 PLC 高速计数器的读取方式

计数器种类		输入信号形式	计数方向
单相单计数输入		UP/DOWN	通过 M8235~M8245 的 ON/OFF 来指定增计数或减计数 ON：减计数 OFF：增计数
单相双计数输入		UP DOWN	进行增计数或减计数，其计数方向可以通过 M8246~M8250 进行确认 ON：减计数 OFF：增计数
双相双计数输入	1 倍	A相 B相 增计数 减计数	根据 A 相、B 相输入状态的变化自动地执行增计数或减计数 其计数方向可以通过 M8251~M8255 进行确认 ON：减计数 OFF：增计数
	4 倍	A相 B相 增计数 减计数	

高速计数器 C251～C255 的功能和占用的输入点见表 3-1-11。

表 3-1-11　高速计数器的功能和占用的输入点

	X000	X001	X002	X003	X004	X005	X006	X007
C251	A	B						
C252	A	B	R					
C253				A	B	R		
C254	A	B	R				S	
C255				A	B	R		S

6. 电磁换向阀

物料传送及分拣机构气动回路中的控制元件是二位五通单控电磁换向阀，如图 3-1-14 所示。二位五通单控电磁换向阀主要由电磁部分和阀体部分组成，电磁部分由静铁心、动铁心、线圈及指示灯等部件组成。

它的工作原理是利用电磁线圈通电时，静铁心对动铁心产生电磁吸力，使阀心移动实现换向。

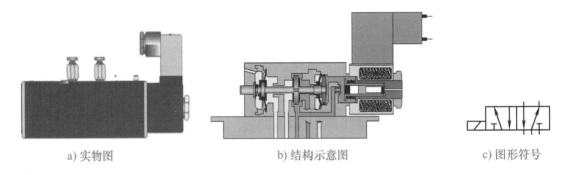

a) 实物图　　　　　　　　　b) 结构示意图　　　　　　　　　c) 图形符号

图 3-1-14　二位五通单控电磁换向阀

7. 三相异步电动机的连接

皮带输送机由三相异步电动机驱动，采用的是小容量微型电动机（见图 3-1-15a），通过微型十字滑块弹性联轴器（见图 3-1-15b）与皮带输送机机架联接，利用 L 形支架（见图 3-1-15c）与平台固定。

电动机与皮带输送机传动轴的联接如图 3-1-16 所示。安装时，要求电动机转轴的中心线与皮带输送机主轴的中心线在同一直线上，否则会使设备产生振动，缩短联轴器的使用寿命。

电动机安装

8. 气动二联件的组成

气动二联件是气动控制系统的入口处必须连接的器件，主要由过滤器、减压

a) 三相异步电动机　　　b) 联轴器　　　c) L形支架

图 3-1-15　三相异步电动机安装部件

阀组成，如图 3-1-17 所示。

过滤器的作用是将压缩空气里的杂质、油污、水分等过滤掉，使压缩空气干燥、清洁。减压阀是用来调整压缩空气压力的，当调整到合适的压力后，应将锁定装置锁定，避免误操作。

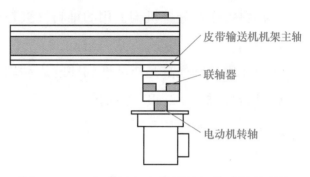

图 3-1-16　电动机与皮带输送机传动轴的联接

a) 实物图　　　　b) 图形符号　　　　c) 简略图形符号

图 3-1-17　气动二联件

【思考与练习】

一、判断题

1. 物料传送及分拣机构中所使用的电磁阀均为二位四通电磁阀。（　　）

2. 双电控电磁阀在两端都无电控信号时，阀芯的位置取决于前一个电控信号。（　　）

3. 气压系统所使用的压缩空气必须经过干燥和净化处理后才能使用。（　　）

4. 由执行元件（气缸）、流量控制阀、方向控制阀和配管构成的回路称为气动回路。（　　）

5. 单向节流阀是由单向阀和节流阀并联而成的，用于控制气缸的运动速度，故常称为速度控制阀。（　　）

二、选择题

1. 气动系统主要由能源部件、（　　）、执行元件及辅助装置组成。

A. 发光二极管　　　　B. 热电偶　　　　C. 控制元件　　　　D. 敏感元件

2. 将压力能转换为驱动工作部件机械能的能量转换元件是（　　）。

A. 动力元件　　　　B. 执行元件　　　　C. 控制元件

3. 物料传送及分拣机构上用的推料气缸是双作用（　　）气缸。

A. 四杆　　　　B. 三杆　　　　C. 双杆　　　　D. 单杆

4. 双作用单杆气缸是指活塞的往复运动均由（　　）来推动。

A. 压缩空气　　　B. 电动机　　　C. 步进电动机　　　D. 伺服电动机

5. 编码器一般应用于机械角度、（　　）、位置的测量。

A. 压力　　　　B. 速度　　　　C. 流量　　　　D. 温度

6. FX_{3U}-48MR 型 PLC 高速计数器从 C251 ~ （　　），共5个。

A. C258　　　　B. C257　　　　C. C255　　　　D. C256

三、综合题

1. 简述双作用单杆气缸的结构和工作原理。

2. 皮带输送机主要由哪些部件组成？

3. 请在表3-1-12中填入物料传送及分拣机构中使用的元器件名称、型号和作用。

表3-1-12　物料传送及分拣机构中的元器件名称、型号和作用

序号	名称	型号	作用	备注

4. 请在表 3-1-13 中填入设备安装过程中遇到的问题及解决办法。

表 3-1-13　设备安装过程中遇到的问题及解决方法

序号	遇到的问题	解决办法	备注

注意： 第 3、4 题请根据实际使用机型中的部件名称进行填写。

任务 2　　物料传送及分拣机构的调试

【能力目标】

1）能根据控制要求采用顺序控制功能图编写调试程序；

2）能按照电气原理图进行物料传送及分拣机构的线路连接；

3）能对物料传送及分拣机构进行模拟调试；

4）能正确设置变频器参数、输入程序，进行物料传送及分拣机构的联机调试。

【使用材料、工具、设备】（见表 3-2-1）

表 3-2-1　材料、工具及设备清单

名称	型号或规格	数量
计算机	自行配置	1 台
PLC 模块	$FX_{3U}-48MR$	1 套
变频器模块	FR－E740 1.5kW	1 套
电源模块	三相电源总开关（带漏电和短路保护）1 个，熔断器 3 只，单相电源插座两个，安全插座 5 个	1 套

（续）

名称	型号或规格	数量
按钮模块	24V/6A、12V/2A 各一组；急停按钮 1 只，转换开关两只，蜂鸣器 1 只，复位按钮黄色、绿色、红色各 1 只，自锁按钮黄色、绿色、红色各 1 只，24V 指示灯黄色、绿色、红色各两只	1 套
编程软件	GX Works2 编程软件	1 套
接线端子	接线端子和安全插座	若干
连接导线	专配	若干
电工工具和万用表	电工工具套件及 MF30 型万用表	1 套
空气压缩机	自行配置	1 台
内六角扳手	3mm、4mm、6mm、8mm 等套件	1 套

【学习组织形式】

训练和学习以小组为单位，两人为一小组，共同制订计划并实施，协作完成物料传送及分拣机构的调试。

【任务要求及实施】

一、任务要求

根据物料传送及分拣机构电气原理图完成线路连接，实施模拟和联机调试。调试要求：

1）按下启动按钮，设备启动；按下停止按钮，设备完成当前工作后停止。

2）传送功能调试：当落料口的光电传感器检测到物料时，启动变频器，以 25Hz 的频率驱动三相异步电动机正转运行，皮带输送机开始传送物料。当物料分拣完毕时，皮带输送机停止运转。

3）分拣功能调试：

① 当启动推料一气缸传感器检测到金属物料时，皮带输送机停止运行。此时推料一气缸动作，活塞杆伸出将物料推入料槽一内；当推料一气缸伸出限位传感器检测到活塞杆伸出到位后，活塞杆缩回；推料一气缸缩回限位传感器检测到活塞杆缩回到位后，系统返回初始位置。

② 当启动推料二气缸传感器检测到白色塑料物料时，皮带输送机停止运行。

此时推料二气缸动作，活塞杆伸出将物料推入料槽二内；当推料二气缸伸出限位传感器检测到活塞杆伸出到位后，活塞杆缩回；推料二气缸缩回限位传感器检测到活塞杆缩回到位后，系统返回初始位置。

③ 当启动推料三气缸传感器检测到黑色塑料物料时，皮带输送机停止运行。此时推料三气缸动作，活塞杆伸出将物料推入料槽三内；当推料三气缸伸出限位传感器检测到活塞杆伸出到位后，活塞杆缩回；推料三气缸缩回限位传感器检测到活塞杆缩回到位后，系统返回初始位置。

二、任务实施

1. 程序设计

1）确定输入/输出设备及 I/O 地址分配。根据控制要求，输入设备主要用到了传感器（推料气缸限位传感器、启动推料气缸传感器、落料口检测光电传感器），占用 10 个输入端子，启动、停止按钮占用 2 个输入端子，共需要 12 个输入点。输出设备主要用到了三个推料气缸及驱动电动机运行的变频器。具体 I/O 地址分配见表 3-2-2。

表 3-2-2　输入/输出设备及 I/O 地址分配表

输　入			输　出		
序号	功能	地址	序号	功能	地址
1	启动按钮	X0	1	驱动推料一气缸活塞杆伸出	Y12
2	停止按钮	X1	2	驱动推料二气缸活塞杆伸出	Y13
3	推料一气缸伸出限位传感器	X12	3	驱动推料三气缸活塞杆伸出	Y14
4	推料一气缸缩回限位传感器	X13	4	变频器停止	Y20
5	推料二气缸伸出限位传感器	X14	5	变频器正转	Y21
6	推料二气缸缩回限位传感器	X15	6	变频器高速	Y23
7	推料三气缸伸出限位传感器	X16			
8	推料三气缸缩回限位传感器	X17			
9	启动推料一传感器	X20			
10	启动推料二传感器	X21			
11	启动推料三传感器	X22			
12	落料口检测光电传感器	X23			

2）控制程序的流程图如图 3-2-1 所示。

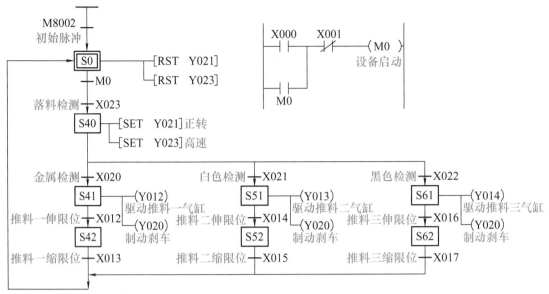

图 3-2-1　流程图

3) 设计参考程序如下所示。

```
M0:=X0 OR M0 AND NOT X1;

    IF  M0 AND X23 AND 推料一缩限位
       AND 推料二缩限位 AND 推料三缩限位 THEN
       正转:=1;
       高速:=1;
    END_IF;

    IF 金属检测 THEN
       正转:=0;
       高速:=0;
       驱动推料一气缸:=1;
    END_IF;
    RST(推料一伸限位,驱动推料一气缸);

    IF 白色检测 THEN
       正转:=0;
       高速:=0;
       驱动推料二气缸:=1;
    END_IF;
    RST(推料二伸限位,驱动推料二气缸);

    IF 黑色检测 THEN
       正转:=0;
```

```
    高速: = 0;
    驱动推料三气缸: = 1;
END_IF;
RST(推料三伸限位,驱动推料三气缸);
```

2. 线路连接

在项目 3 任务 1 中已经将元器件的引线连接到了接线端子，这里主要根据图 3-1-3，对设备输入/输出元器件进行电气线路连接。

（1）线路连接要求

1）同一个接线端子上接入的导线不能超过两根；

2）连接导线的型号、颜色选用正确；

3）尽量少出现交叉导线；

4）接线时切勿把信号输出线直接连接到电源 24V 端。

公共端连接

（2）按钮与 PLC 的线路连接　将按钮的公共端与 PLC 模块中输入信号的 COM 端连接，按钮的另一端与 PLC 输入信号端连接，如图 3-2-2 所示。

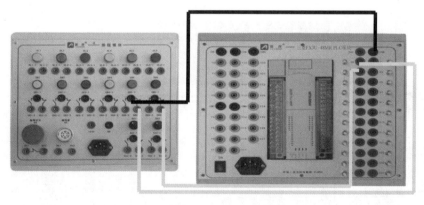

图 3-2-2　按钮与 PLC 的线路连接

（3）传感器与 PLC 的线路连接　在物料传送及分拣机构中用到了两种传感器，即直流两线制和直流三线制传感器。直流两线制传感器有棕色和蓝色两种引出线，接线时，将蓝色线接直流电源"－"极、棕色线为信号线接 PLC 输入端；直流三线制有棕色、蓝色和黑色三种引出线，接线时，将棕色线接直流电源"＋"极、蓝色线接直流电源"－"极、黑色线为信号线接 PLC 输入端，将 PLC 的输入信号与接线端子相连，如图 3-2-3 所示，（以落料检测传感器为例）

（4）电磁阀与 PLC 的线路连接　在物料传送及分拣机构中使用的电磁阀是单

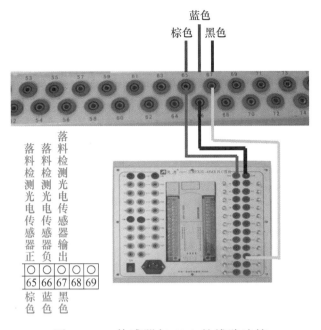

图 3-2-3　传感器与 PLC 的线路连接

向控制电磁阀，只有一个线圈。将电磁阀的一端与 PLC 相连，另一端与外部电源相连，如图 3-2-4 所示（以推料一气缸伸出单向电磁阀为例）。

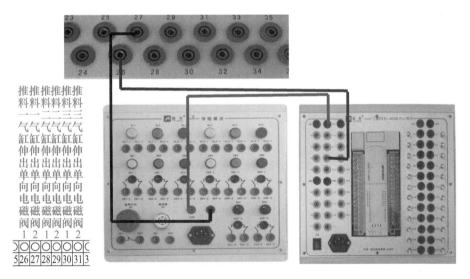

图 3-2-4　电磁阀与 PLC 的线路连接

（5）变频器与 PLC 的线路连接　变频器与 PLC 的线路连接如图 3-2-5 所示。变频器由 PLC 控制，因此变频器的控制端与 PLC 相应的输出端连接，变频器的 SD 端与 PLC 相应的 COM 端连接，变频器模块中的 R/L1、S/L2、T/L3 分别接入电源；U、V、W 接入电动机，两者间不能接错，否则会损坏变频器。

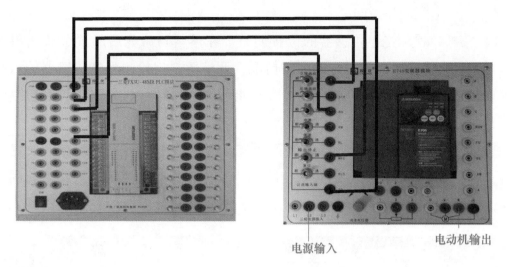

电源输入   电动机输出

图 3-2-5   变频器与 PLC 的线路连接

注意：

1）在连接导线过程中，建议采用不同颜色导线进行区分，便于检查；

2）线路安装结束后，要用万用表 $R \times 1$ 档测量输入和输出回路的电阻，确保电路无短路现象，否则通电后可能损坏设备。

3．模拟调试

按照要求清理设备，在确认机械装配、线路连接、气路连接都正常的情况下启动设备。在模拟调试过程中，如出现问题，应及时切断电源，查找问题，修复后进行重新调试。

（1）气动回路的手动调节

1）关闭气源的总气阀和气动二联件上的阀门，检查电磁阀，封闭未用电磁阀的工作口。

2）启动空气压缩机，使气源的气压达到 0.4 ~ 0.5MPa。

3）开启气源的总气阀和气动二联件上的阀门给机构供气。

4）检查每个气管接口处是否有漏气现象，如有应立即排除。

5）手动相关电磁阀，检查气动电磁阀动作是否正常。

6）若发现气缸动作相反可对调相应的气管。

7）若发现气缸的运动速度过快，应调整节流阀，使气缸的伸缩运动速度合适。

注意：可以同时通过调节气压和节流阀来控制气缸的运动速度，使气缸运动平稳无振动，确保物料不抖出料槽。

（2）传感器的调试

1）落料口检测光电传感器的位置调整。在落料口中先后放置金属物料或塑料物料，观察传感器上指示灯的亮暗情况，调整落料口检测光电传感器的水平位置或旋转光电传感器后面的灵敏度，直到能可靠检测到为止，调整后固定传感器，如图3-2-6所示。

2）启动推料一气缸传感器的位置调整。在推料一电感式传感器下放置金属物料，观察传感器上指示灯的亮暗情况，调整传感器的检测距离，调整后固定传感器，如图3-2-7所示。

图3-2-6　落料口检测光电传感器的调整

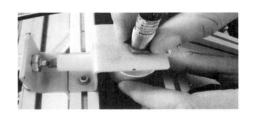

图3-2-7　电感式传感器的调整

3）启动推料二和推料三气缸传感器的调整。在推料二和推料三光纤传感器下分别放置黑、白两种塑料物料，调整传感器的检测距离，如图3-2-8a所示；考虑工件的反光强度，调整光纤放大器的颜色灵敏度，使推料二光纤传感器检测到白色塑料物料；推料三光纤传感器检测到黑色塑料物料，如图3-2-8b所示，调整后固定传感器。

a) 调节光纤传感器检测距离

b) 调节颜色灵敏度

图3-2-8　光纤传感器的调整

注意：光纤放大器灵敏度的调整以能检测到相关物料为准，过高的灵敏度可能会引入干扰。

（3）变频器的调试　根据控制要求可知，变频器以25Hz的频率驱动三相异步电动机正转运行；同时检测出物料材质后，皮带输送机停止运行，需要进行减速时间设置，具体的变频器设置参数见表3-2-3。

表 3-2-3   变频器参数设置表

序号	参数代号	名称	设定值	备注
1	P1	上限频率	50Hz	
2	P2	下限频率	0Hz	2
3	P4	3 速设定（高速）	25Hz	高速设定
4	P7	加速时间	2s	2
5	P8	减速时间	2s	
6	P79	操作模式	2	外部运行模式

1）按照电路原理图检查变频器的接线应正确无误。

2）给变频器接通三相电源，再对变频器进行参数设定。

3）闭合变频器模块上的 STF、RL 钮子开关，电动机应运转，传送带自左向右运行。若电动机反转，须关闭电源，对调输出电源线 U、V、W 中的任意两根，改变三相电源相序后重新调试。调试时，注意变频器的运行频率是否与要求值相符。

注意：

1）变频器的输入信号端子回路不可附加外部电源；

2）电源必须接变频器的 R/L1、S/L2、T/L3 端，否则极易损坏变频器；

3）变频器的 SD 和 5 为信号的公共端，不能将这些端子互相连接或接地。

4. 联机调试

模拟调试正常后，便可进行联机调试。在联机调试过程中，如出现问题，应及时切断电源，查找问题，修复后进行重新调试。

1）启动三菱 PLC 编程软件 GX Developer。

2）创建新文件，选择 PLC 类型。

3）输入编好的控制程序。

4）功能调试。

① 按下启动按钮，观察设备情况，发现问题应及时切断电源。

传送带调试

② 在落料口放入金属（塑料）物料后，观察变频器是否以 25Hz 频率驱动皮带输送机正转运行，皮带输送机是否传送物料。

③ 观察推料一气缸传感器能否感应金属物料（推料二、推料三气缸传感器能否感应白色、黑色塑料物料），同时使皮带输送机停止。

④ 观察推料一气缸（推料二气缸、推料三气缸）推料是否正常。

⑤ 按下停止按钮，设备是否在完成当前工作任务后自动停止。

注意：在调试过程中如发现问题应及时切断电源。

5）现场整理。设备调试完成后，要清扫卫生，归类整理资料，教师检查设备运行情况，学生填写相关实训记录。

【考核标准及评价】

从知识与技能、学习态度与团队意识和工作与职业操守三方面进行综合考核，具体的评价标准见表3-2-4。

表 3-2-4　考核评价表

考核能力	考核方式	评价标准与得分				
		标准	分值	互评	师评	得分
知识与技能（70分）	教师评价＋互评	电路安装是否正确，接线是否规范	10分			
		皮带输送机运行是否正常	15分			
		金属物料分拣是否正常	15分			
		白色塑料物料分拣是否正常	15分			
		黑色塑料物料分拣是否正常	15分			
学习态度与团队意识（15分）	教师评价	学习积极性高，有自主学习能力	3分			
		有分析和解决问题的能力	3分			
		能组织和协调小组活动过程	3分			
		有团队协作精神，能顾全大局	3分			
		有合作精神，热心帮助小组其他成员	3分			
工作与职业操守（15分）	教师评价＋互评	有安全操作、文明生产的职业意识	3分			
		诚实守信，实事求是，有创新精神	3分			
		遵守纪律，规范操作	3分			
		有节能环保和产品质量意识	3分			
		能够不断自我反思、优化和完善	3分			

【知识链接】

一、FR－E740 型变频器的使用

FR－E740 型变频器的结构如图3-2-9所示。

FR－E740 型变频器的端子接线图如图 3-2-10 所示。

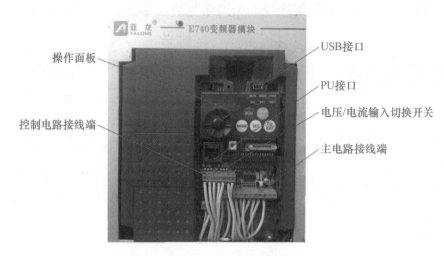

图 3-2-9 FR－E740 型变频器的结构

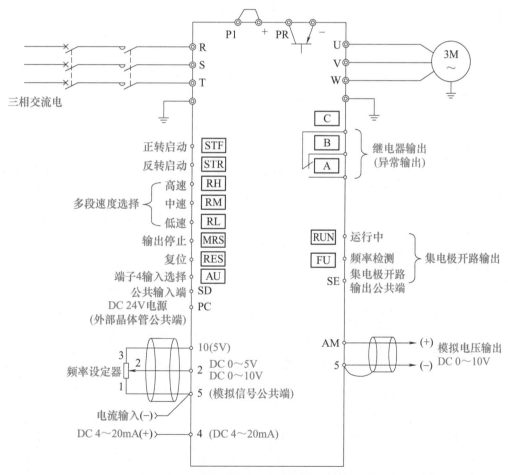

注：◎表示主电路接线端子；○表示控制电路接线端子

图 3-2-10 FR－E740 型变频器的端子接线图

1. 主电路接线端子

FR－E740 型变频器主电路接线端子说明见表 3-2-5。

表 3-2-5　主电路接线端子说明

序号	端子记号	端子名称	端子功能说明
1	R、S、T	输入电源	连接三相工频电源
2	U、V、W	变频器输出端	连接三相异步电动机
3	⏚	接地端子	变频器外壳接地
4	－、PR	制动电阻连接	在－和 PR 之间连接选购的制动电阻
5	+、P1	直流电抗器连接	拆下端子＋和 P1 间短路片，连接直流电抗器

2. 控制电路接线端子

FR－E740 型变频器控制电路接线端子说明见表 3-2-6。

表 3-2-6　控制电路接线端子说明

类型	端子记号	端子名称	端子功能说明
输入信号	STF	正转启动	同为 ON 时变成停止命令
	STR	反转启动	
	RH、RM、RL	多段速度选择	只有 RH、RM、RL 单独为 ON 时，分别对应高速、中速、低速
	MRS	输出停止	MRS 信号为 ON（20ms）时，变频器输出停止。以电磁制动停止电动机运行时用于断开变频器输出
	RES	复位	用于解除保护回路动作时的报警输出，使 RES 信号处于 ON 状态 0.1s 以上，然后断开
	SD	公共输入端(漏型)	接点输入端子
	PC	直流电源和外部晶体管公共端	为漏型逻辑时连接晶体管输出（即集电极开路输出）。如用可编程控制器控制时，将晶体管输出用的外部电源公共端接到该端子，可以防止因漏电引起的误动作
频率设定	10	频率设定器用电源	作为外接频率设定（速度设定）用电位器时的电源使用
	2	频率设定（电压）	输入 DC 0～5V（或 0～10V），在 5V（或 10V）时为最大输出频率，输入与输出成正比；两者通过 Pr.73 进行切换
	4	频率设定（电流）	输入 DC 4～20mA，在 20mA 时为最大输出频率，输入与输出成正比；只有端子 AU 信号为 ON 时，端子 4 的输入信号才有效
	5	频率设定公共端	频率设定信号（端子 2 或 4）及端子 AM 的公共端子，不要接大地

（续）

类型	端子记号	端子名称	端子功能说明
继电器	A、B、C	继电器输出（异常输出）	指示变频器因保护功能动作时输出停止的接点输出。异常时：B-C不导通（A-C导通）；正常时：B-C导通（A-C不导通）
集电极开路	RUN	变频器运行	变频器输出频率为启动频率（初始值0.5Hz）以上时为低电平，正在停止或正在直流制动时为高电平
集电极开路	FU	频率检测	输出频率为任意设定的检测频率以上时为低电平，未达到时为高电平
集电极开路	SE	集电极开路输出公共端	端子RUN、FU的公共端子
模拟	AM	模拟电压输出	可以从多种监视项目中选择输出。变频器复位中不被输出，输出信号与监视项目的大小成比例

FR-E740型变频器操作面板的名称和功能如图3-2-11所示。

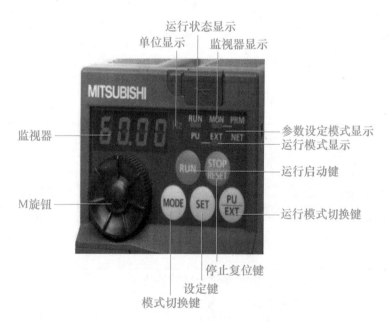

图3-2-11　FR-E710型变频器操作面板的名称和功能

FR-E740型变频器操作面板的名称和功能说明见表3-2-7。

FR-E740型变频器恢复参数为出厂值的设置方法见表3-2-8。

表 3-2-7　FR－E740 型变频器操作面板名称和功能说明

名称	功　　能	
运行状态显示（RUN）	变频器运行时灯亮，正转时灯亮，反转时灯灭	
单位显示	Hz	表示频率时，灯亮
	A	表示电流时，灯亮
监视器	显示频率、参数编号等	
M 旋钮	用于调节频率设定值、参数的设定值	
模式切换键（MODE）	用于切换各设定模式。和运行模式切换键同时按下也可以用来切换运行模式	
设定键（SET）	用于确定频率和参数的设定，运行时按此键可以在运行频率、输出电流、输出电压之间转换显示	
监视器显示（MON）	监视模式时灯亮	
参数设定模式显示（PRM）	参数设定模式时灯亮	
运行模式显示	PU	PU 运行模式时灯亮
	EXT	外部运行模式时灯亮
	NET	网络运行模式时灯亮
运行启动键（RUN）	用于运行启动	
停止复位键（STOP/RESET）	用于停止运行	
	用于保护功能动作输出停止时复位	
运行模式切换键（PU/EXT）	用于切换 PU/外部运行模式	

表 3-2-8　恢复参数为出厂值

设置步骤	操作	显示
1	电源接通时显示的监视器画面	0.00
2	按 $\frac{PU}{EXT}$ 键进入 PU 运行模式	PU 显示灯亮
3	按 MODE 键进入参数设定模式	P0
4	旋转 M 旋钮，将参数编号设定为 ALLC	ALLC
5	按 SET 键读取当前的设定值	0
6	旋转 M 旋钮，将值设定为 1	1
7	按 SET 键确定	闪烁

　　FR－E740 型变频器变更参数设定值的方法见表 3-2-9（以上限频率变更为 50Hz 为例）。

表 3-2-9 变更参数设定值的方法

设置步骤	操作	显示
1	电源接通时显示的监视器画面	0.00
2	按 $\frac{PU}{EXT}$ 键进入 PU 运行模式	PU 显示灯亮
3	按 MODE 键进入参数设定模式	P0
4	旋转 M 旋钮, 将参数编号设定为 P1	P1
5	按 SET 键读取当前的设定值	120.0
6	旋转 M 旋钮, 将参数编号设定为 50.00Hz	50.00
7	按 SET 键确定	闪烁

FR－E740 型变频器监视模式切换的设置方法见表 3-2-10 (在监视模式中按 SET 键可以切换输出频率、输出电流、输出电压的监视器显示)。

表 3-2-10 监视模式切换的设置方法

设置步骤	操作	显示
1	运行中按 SET 键, 使监视器显示输出频率	Hz 灯亮
2	按 SET 键, 监视器显示输出电流	A 灯亮
3	按 SET 键, 监视器显示输出电压	Hz、A 灯熄灭

FR－E740 型变频器运行模式选择设定的方法见表 3-2-11 (以启动指令 STF/STR、频率指令通过旋钮设定为例)。

表 3-2-11 运行模式选择设定的方法

设置步骤	操作	显示
1	电源接通时显示的监视器画面	0.00
2	同时按住 $\frac{PU}{EXT}$ 键和 MODE 键 0.5s	79 － －
3	旋转 M 旋钮, 将值设定为 79 － (1、2、3、4 中选择)	79 － (1、2、3、4 中选择)
4	按 SET 键确定	闪烁

FR－E740 型变频器的主要参数设置见表 3-2-12。

表 3-2-12　变频器主要参数设置

序号	参数代号	初始值	范围		功能说明
1	P1	120	0~120Hz		上限频率（Hz）
2	P2	0	0~120Hz		下限频率（Hz）
3	P4	50	0~400Hz		多段速度设定（高速）
4	P5	30	0~400Hz		多段速度设定（中速）
5	P6	10	0~400Hz		多段速度设定（低速）
6	P7	5	0~360s		加速时间
7	P8	5	0~360s		减速时间
8	P79	0	1	PU 运行模式	运行模式选择
			2	外部运行模式	
			3	外部/PU 运行模式 1	
			4	外部/PU 运行模式 2	
9	P80	9999	0.1~15kW		电动机容量
10	P81	9999	2、4、6、8、10		设定电动机极数
11	P82	9999	0~500A		电动机额定电流
12	P83	200/400V	0~1000V		电动机额定电压
13	P84	50Hz	10~120Hz		电动机额定频率

二、顺序功能图（SFC）

1. 顺序控制的含义

顺序控制就是按照生产工艺设定的顺序，在各个输入信号的作用下，根据内部状态和时间的顺序，使生产过程中各个执行机构自动而有序地进行工作。

2. 顺序功能图的组成

顺序功能图主要由步、有向连线、转换、转换条件和动作（或命令）等要素组成，如图 3-2-12 所示。

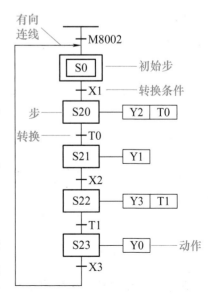

图 3-2-12　顺序功能图结构示例

（1）步的含义

1）步的定义：顺序控制设计法最基本的思想是分析被控对象的工作过程及控制要求，根据控制系统输出状态的变化将系统的一个工作周期划分为若干个顺序相连的阶段，这些阶段称为步（Step），可以用编程元件（如辅助继电器 M 和状态继电器 S）来代表各步。

2）步的划分：步是根据 PLC 输出量的状态变化来划分的，在每一步内，各输出量的 ON/OFF 状态均保持不变，但是相邻两步输出量总的状态是不同的。只要系统的输出量状态发生变化，系统就从原来的步进入新的步。

3）初始步与活动步：与系统初始状态相对应的步称为初始步。初始状态一般是系统等待启动命令的相对静止状态。初始步用双线方框表示，每一个顺序功能图至少应该有一个初始步。

当系统处于某一步所在的阶段时，该步处于活动状态，称该步为活动步。当步处于活动状态时，相应的动作被执行；当步处于不活动状态时，相应的非存储型命令当停止执行。

（2）有向连线　步与步之间用有向连线连接，并且用转换将步分隔开。步的活动状态进展按有向连线规定的路线进行。有向连线上无箭头标注时，其进展方向是从上到下、从左到右。如果不是上述方向，应在有向连线上用箭头注明方向。

（3）转换、转换条件　步的活动状态进展是由转换来完成的。转换用与有向连线垂直的短划线来表示，步与步之间不允许直接相连，必须由转换隔开，而转换与转换之间也同样不能直接相连，必须由步隔开。

转换条件是与转换相关的逻辑命题。转换条件可以用文字语言、布尔代数表达式或图形符号标注在表示转换的短划线旁边。

（4）动作　动作是指某步活动时，PLC 向被控系统发出的命令，或被控系统应执行的动作。动作用矩形框中的文字或符号表示，该矩形框应与相应步的矩形框相连接。

3. 顺序功能图的基本结构

根据步与步之间转换的不同情况，顺序功能图有三种不同的基本结构形式：单序列结构、选择序列结构、并行序列结构。

（1）单序列结构　顺序功能图的单序列结构形式没有分支，它由一系列按顺序排列、相继激活的步组成。每一步的后面只有一个转换，每一个转换后面只有一步，如图 3-2-13a 所示。

（2）选择序列结构 顺序过程进行到某步，若该步后面有多个转移方向，而当该步结束后，只有一个转换条件被满足以决定转移的去向，即只允许选择其中一个分支执行，这种顺序控制过程的结构就是选择序列结构，如图 3-2-13b 所示。

（3）并行序列结构 顺序过程进行到某步，若该步后面有多个分支，而当该步结束后，若转移条件满足，则同时开始所有分支的顺序动作，或全部分支的顺序动作同时结束后，汇合到同一状态，这种顺序控制过程的结构就是并行序列结构，如图 3-2-13c 所示。

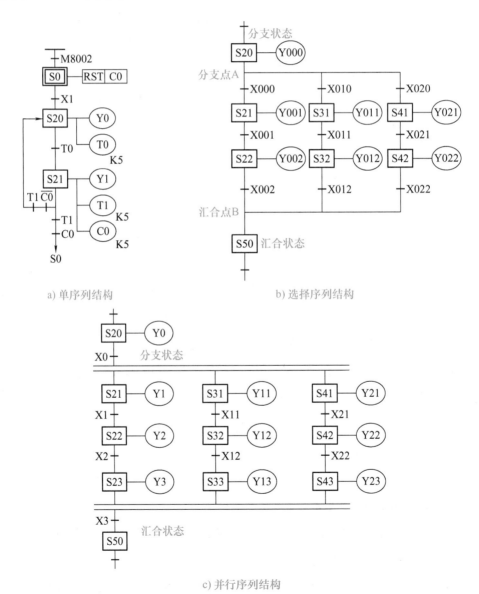

图 3-2-13 顺序功能图基本结构

4. 绘制顺序功能图的注意事项

1）两个步绝对不能直接相连，必须用一个转换将它们隔开。

2）两个转换也不能直接相连，必须用一个步将它们隔开。

3）一个顺序功能图至少有一个初始步。初始步可能没有任何输出动作，但初始步是必不可少的。

4）自动控制系统应能多次重复执行同一工艺过程，因此在顺序功能图中一般应有由步和有向连线组成的闭环，即在完成一次工艺过程的全部操作之后，应从最后一步返回初始步，系统停留在初始状态，在连续循环工作方式时，将从最后一步返回下一工作周期开始运行的第一步。

5）在顺序功能图中，只有当某一步的前级步是活动步时，该步才有可能变成活动步。如果用没有断电保持功能的编程元件代表各步，进入 RUN 工作方式时，它们均处于 OFF 状态，必须用初始化脉冲 M8002 的常开触点作为转换条件，将初始预置为活动步，否则因顺序功能图中没有活动步，系统将无法工作。如果系统有自动、手动两种工作方式，顺序功能图是用来描述自动工作过程的，当系统由手动工作方式进入自动工作方式时，还应用一个适当的信号将初始步置为活动步。

三、识读电气原理图

电气原理图是反映电路的结构组成及各元器件间连接关系的示意图。

图 3-2-14 所示为物料传送及分拣机构电气原理图。在 PLC 输入信号端接启停按钮、推料气缸限位传感器、物料检测传感器等；输出信号端接驱动电磁阀的线圈、变频器等。物料传送主要由落料口检测传感器对 PLC 发出信号，经 PLC 输出控制变频器和电动机使皮带输送机运转，实现物料传送。物料的分拣主要靠气缸上检测传感器对 PLC 发出信号，经 PLC 输出控制电磁阀，由电磁阀控制推料气缸的伸缩实现。

四、ST 编程知识

1. ST 程序的条件语句

（1）IF…THEN 条件语句

【格式】

```
IF <布尔表达式>THEN
 <语句>;
END_IF;
```

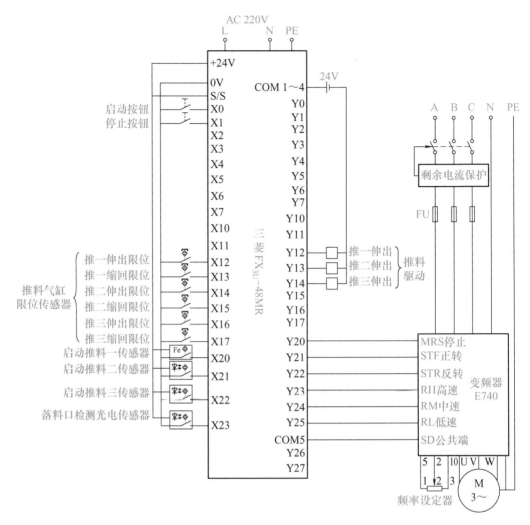

图 3-2-14　物料传送及分拣机构电气原理图

【说明】

布尔表达式（条件表达式）为真（TRUE）时，执行语句；布尔表达式为假（FALSE）时，不执行语句。

对于布尔表达式，可以是单一的位型变量的状态，也可以是包含多个变量的复杂表达式的布尔运算结果，只要结果为真（TRUE）或假（FALSE）的表达式均可使用。

【示例】

1）布尔表达式中使用了实际软元件的情况：

```
IF X0 THEN          (* 如果 X0 为 ON,则在 DO 中代入 0* )
DO: = 0;
END_IF;
```

2）布尔表达式中使用了运算符的情况：

```
IF (D0* D1) < = 200 THEN        (* 如果 D0* D1 为 200 以下* )
D0: = 0;                         (* 则在 D0 中代入 0 * )
END_IF;
```

（2）IF…ELSE 条件语句

【格式】

```
IF <布尔表达式 >THEN
 <语句 1 >;
ELSE
 <语句 2 >;
END_IF;
```

【说明】

布尔表达式（条件表达式）为真（TRUE）时，执行语句1；布尔表达式的值为假（FALSE）时执行语句2。

【示例】

1）布尔表达式使用了实际软元件的情况：

```
IF X0 THEN          (* 对 X0 的值进行判断* )
D0: = 0;            (* 如果 X0 为 ON 则在 D0 中代入 0* )
ELSE               (* 如果 X0 不为 ON 则在 D0 中代入 1* )
D0: =1;
END_IF;
```

2）布尔表达式中使用了运算符的情况：

```
IF (D0* D1) < = 200 THEN        (* 如果 D0* D1 为 200 以下* )
D0: = 0;                         (* 则在 D0 中代入 0)
ELSE                            (* 如果 D0* D1 不为 200 以下* )
D0: =1;                          (* 则在 D0 中代入 1* )
END_IF;
```

（3）IF…ELSIF 条件语句

【格式】

```
IF  <布尔表达式 1 >  THEN
 <语句 1 >;
ELSIF <布尔表达式 2 > THEN
```

```
<语句2>;
EISIF <布尔表达式3> THEN
<语句3>;
END_IF;
```

【说明】

布尔表达式（条件表达式）1为真（TRUE）时，执行语句1。布尔表达式1为假（FALSE）时且布尔表达式2为真（TRUE）时，执行语句2。布尔表达式2为假（FALSE）且布尔表达式3为真（TRUE）时，执行语句3。

【示例】

1）布尔表达式中使用了实际软元件的情况：

```
IF D0 < 100 THEN              (* 如果 D0 小于 100 *)
D1 := 0;                      (* 则在 D1 中代入 0 *)
ELSIF D0 <= 200 THEN          (* 如果 D0 为 200 以下 *)
D1 := 1;                      (* 则在 D1 中代入 1 *)
ELSIF D0 <= 300 THEN          (* 如果 D0 为 300 以下 *)
D1 := 2;                      (* 则在 D1 中代入 2*)
END_IF;
```

2）布尔表达式中使用了运算符的情况：

```
IF (D0 * D1) < 100 THEN       (* 如果 D0 * D1 小于 100 * )
D1 := 0;                      (* 则在 D1 中代入 0* )
ELSIF (D0 * D1) <= 200 THEN   (* 如果 D0 * D1 为 200 以下 * )
D1 := 1;                      (* 则在 D1 中代入 1* )
ELSIF (D0 * D1) <= 300 THEN   (* 如果 D0 * D1 为 300 以下 * )
D1 := 2;                      (* 则在 D1 中代入 2* )
END_IF;
```

(4) CASE 条件语句

【格式】

```
CASE <整数表达式> OF
<整数选择值1>: <语句1>;
<整数选择值2>: <语句2>;
<整数选择值n>: <语句n>;
ELSE
<语句n+1>;
END_CASE;
```

1) CASE 条件语句中的 <整数选择值*> 的指定方法。关于 CASE 条件语句中的 <整数选择值*>，也可以按以下方式进行 1 个、多个或者范围指定。

【示例】

```
1:          (* 整数表达式的值为 1 的情况*)
2,3,4:      (* 整数表达式的值为 2、3、4 的情况*)
5..10:      (* 整数表达式的值为 5~10 的情况*)
```

使用 ".." 进行范围指定时，应使 ".." 后面的值大于 ".." 前面的值，也可以将多个以及范围指定进行组合指定。

```
1,2..5,9 (* 整数表达式的值为 1、2~5、9 的情况*)
```

2) CASE 条件语句中的 <整数表达式> 可用的数据类型。

CASE 条件语句中的 <整数表达式> 指定的数据类型为整数型（INT）、双精度整数型（DINT），可以指定字软元件，以及单字型、双字型标签。

【说明】

CASE 条件语句表达式的结果以整数值返回。例如，该条件语句根据单一的整数值及复杂表达式的结果的整数值，可以在执行选择语句时使用。

具有与整数表达式的值一致的整数选择值的语句将首先被执行，没有一致的值的情况下，执行 ELSE 后面的语句。

【示例】

1) 整数表达式中使用了实际软元件的情况：

```
CASE D0 OF
1:
D1:= 0:          (* 如果 D0 为 1,则在 D1 中代入 0*)
2,3:
D1:= 1;          (* 如果 D0 为 2、3,则在 D1 中代入 1*)
4..6:
D1:= 2;          (* 如果 D0 为 4~6,则在 D1 中代入 2*)
ELSE
D1:= 3;          (* 如果 D0 为除上述以外的值,则在 D1 中代入 3*)
END_ CASE;
```

2) 整数表达式中使用了运算结果的情况：

```
CASE D0* D1 OF
1:
```

```
D1: =0;          (* 如果 D0* D1 为 1,则在 D1 中代入 0* )
2,3:
D1: = 1;         (* 如果 D0* D1 为 2、3,则在 D1 中代入 1* )
4..6:
D1: = 2;         (* 如果 D0* D1 为 4~6,则在 D1 中代入 2* )
ELSE
D1; =3;          (* 如果 D0* D1 为除上述以外的值,则在 D1 中代入 3* )
END_ CASE;
```

2. ST 程序的循环语句

（1）FOR…DO 语句

【格式】

```
FOR <循环变量初始化 >
TO <最终值的表达式 >
BY <增加表达式 >
 <语句 >;
END_FOR;
```

【说明】

循环变量初始化：对作为循环变量使用的数据进行初始化。

最终值的表达式与增加表达式：对初始化后的循环变量根据增加表达式进行加法或者减法运算，反复执行处理直至达到最终值为止。

FOR 语句的 <最终值的表达式 > 中的可用数据类型可以为指定整数值及运算公式的结果的整数值。

FOR…DO 语句根据循环变量的值重复执行若干个语句。

【示例】

循环变量使用了实际软元件的情况：

```
FOR D0: =0        (* 将 D0 初始化为 0* )
TO 100            (* 反复处理直至 D0 为 100* )
BY 1 DO           (* D0 每次增加 1* )
D3: = D3 +1;      (* 反复处理期间对 D3 进行 +1* )
END_FOR;
```

（2）WHILE…DO 语句

【格式】

```
WHILE <布尔表达式 > DO
```

```
    <语句>;
    END_WHILE;
```

【说明】

WHILE…DO 语句在布尔表达式（条件表达式）为真（TRUE）时，执行 1 个以上的语句。

在语句执行之前判定布尔表达式为假（FALSE）时，WHILE…DO 内的语句将不被执行。WHILE 语句中的＜布尔表达式＞返回的结果为真或为假均可以，因此 IF 条件语句中＜布尔表达式＞指定的表达式均可以使用。

【示例】

布尔表达式中使用了实际软元件比较运算符的情况：

```
WHILE D100 < (D2 -100)  DO      (* D100 <(D2 -100)为真时* )
                                (* 反复执行处理* )
D100: = D100 +1;                (* 反复处理期间对 D100 进行 +1* )
END_WHILE;
```

（3）REPEAT…UNTIL 语句

【格式】

```
REPEAT
 <语句>;
UNTIL <布尔表达式>
END_REPEAT;
```

【说明】

对于 REPEAT…UNTIL 语句，在布尔表达式（条件表达式）为假（FALSE）时，执行 1 个以上的语句。

在语句执行后进行布尔表达式判定，值为真（TRUE）的情况下 REPEAT…UNTIL 内的语句不被执行。

REPEAT 语句中的＜布尔表达式＞返回的结果为真或为假均可以，因此 IF 条件语句中＜布尔表达式＞指定的表达式均可以使用。

【示例】

1）布尔表达式中使用了实际软元件的情况：

```
REPEAT
D1: = D1 +1;      (* 在 D1 的值小于100 之前* )
```

```
UNTIL D1 <100   (* 对 D1 进行 +1* )
END_REPEAT;
```

2）布尔表达式中使用了运算符的情况：

```
REPEAT
D1:=DO* D1 - DO;   (* 在 DO* D1 的值小于 100 之前* )
                   (* 将 DO* D1 - DO 代入到 D1 中* )
UNTIL DO* D1 <100
END_REPEAT;
```

3. ST 程序的其他控制语句

EXIT 语句

【格式】

```
EXIT;
```

【说明】

EXIT 语句是只能在 ST 程序的循环语句中使用的语句，使循环回路中途结束。循环回路的执行过程中如果到达 EXIT 语句，则 EXIT 语句以后的循环回路处理将不被执行。从循环回路处理结束的下一行开始继续执行程序。

【示例】

IF 条件语句布尔表达式中使用了实际软元件的情况：

```
FOR DO:=0 TO 10 DO     (* DO 的值为 10 以下时重复执行* )
IF D1 >10 THEN         (* 对 D1 的值是否为 10 以上进行检查* )
EXIT;                  (* D1 的值为 10 以上的情况下结束循环处理* )
END_IF;
END_FOR;
```

【思考与练习】

一、判断题

1. 三菱变频器操作面板上 RES 键是正转指令。（   ）

2. FR - E740 型变频器的 SD 端可以接地使用。（   ）

3. 输入电源必须接到变频器输入端子 R、S、T 上，电动机必须接到变频器输

出端子 U、V、W 上。（   ）

4. 光纤放大器的灵敏度调至越高越好。（   ）

5. 变频器在前盖板或配线盖板打开的情况下严禁运行，否则可能引起触电事故。（   ）

二、选择题

1. （   ） 可以用来检测气缸活塞位置的。

A. 磁性开关   B. 电感式接近开关

C. 光电式接近开关   D. 漫射式接近开关

2. 三菱变频器的操作模式包括 （   ） 模式。

A. PU 和内部操作   B. PU 和外部操作

C. 内部和外部操作   D. 以上都是

3. 三菱变频器操作面板上的 MODE 键可用于 （   ） 模式。

A. 正转   B. 反转

C. 操作或设定   D. 以上都不是

4. （   ） 是利用光的各种性质，检测物体的有无和表面状态的变化的传感器。

A. 磁性开关   B. 电感式接近开关

C. 光电式接近开关   D. 漫射式接近开关

5. 推料气缸的运动速度可通过 （   ） 调节。

A. 节流阀   B. 电磁阀   C. 变频器

三、综合题

1. 变频器主电路中的 R、S、T 和 U、V、W 端子接反后会出现什么后果？

2. 什么是顺序控制？顺序功能图编程有哪些优点？

3. 某生产线通过皮带输送机传送物料，当按下启动按钮后设备启动，变频器以 20Hz 频率驱动皮带输送机正转运行；当落料口检测到有物料时，变频器以 30Hz 的频率驱动皮带输送机正转运行；当物料被取走后，变频器仍以 20Hz 频率驱动皮带输送机正转运行，请根据工作要求设置变频器参数，编制控制程序，使皮带输送机满足工作过程的运行要求。

4. 请根据调试过程列出调试（步骤）项目，见表 3-2-13，并分析调试中的注意点及调试结果。

表 3-2-13 调试过程

调试（步骤）项目	调试中注意点	调试结果

5. 请在表 3-2-14 中填入设备调试过程中遇到的问题及解决办法。

表 3-2-14 设备调试过程中遇到的问题及解决方法

序号	遇到的问题	解决办法	备注

项目4

系统组态与调试

任务1　　Kinco 触摸屏 MT4300C 与 PLC、变频器通信

【能力目标】

1）能安装 MT4300C 型触摸屏驱动程序；

2）能创建组态工程；

3）能建立触摸屏与计算机、PLC、变频器的通信连接。

【使用材料、工具、设备】（见表 4-1-1）

表 4-1-1　材料、工具及设备清单

名　称	型号或规格	数量	名　称	型号或规格	数量
触摸屏	MT4300C	1 台	编程电缆	USB－SC09－FX 下载线或自行配置	1 根
计算机	自行配置	1 台	接线端子	接线端子和安全插座	若干
PLC 模块	FX$_{3U}$－48MR	1 个	连接导线	专配	若干
变频器模块	FR－E740 1.5kW	1 个	电工工具和万用表	电工工具套件及 MF30 型万用表	1 套
组态软件	EV5000	1 套			

【学习组织形式】

训练和学习以小组为单位，两人为一小组，共同制订计划并实施，协作完成软件的安装及调试。

机电一体化设备组装与调试 第2版

【任务要求及实施】

一、任务要求

按照项目 3 的组装要求，正确组装物料传送及分拣机构后，正确连接触摸屏、PLC 及变频器，并建立三者之间的通信。

二、任务实施

1. 安装 MT4300C 型触摸屏驱动程序

完成工程的创建后，需要将其下载到触摸屏中。MT5000、MT4000 系列触摸屏提供了一个高速 USB 接口下载通道，可以加快下载的速度，且不需要预先知道目标触摸屏的 IP 地址。用专用 USB 下载线将计算机与触摸屏连接，第一次使用 USB 下载，需手动安装驱动程序。把 USB 一端连接到 PC 的 USB 接口上，另一端连接触摸屏的 USB 接口，在触摸屏上电的条件下，会弹出如图 4-1-1 所示对话框。

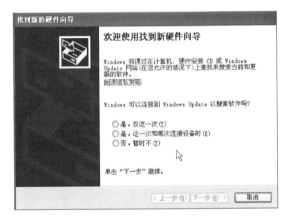

图 4-1-1　硬件安装向导

第一次将触摸屏与计算机连接时需要安装驱动程序，以后使用时则不再需要安装，在图 4-1-1 所示对话框中选择第一个选项，单击"下一步"按钮，如图 4-1-2 所示。

驱动程序文件默认放在安装好的 EV5000 软件程序文件中，在这一步选择"从列表或指定位置安装（高级）(S)"，如图 4-1-3 所示。

图 4-1-2　安装选项

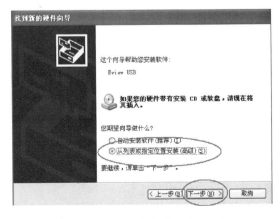

图 4-1-3　驱动文件安装选项

单击"下一步"按钮，弹出硬件更新向导，如图 4-1-4 所示，再单击"浏览"按钮找到 EV5000 软件所安装的目录，找到 driver 文件夹后单击"确定"按钮，然后再单击"下一步"按钮继续进行驱动程序的安装，单击"完成"按钮即可，如图 4-1-5 所示。

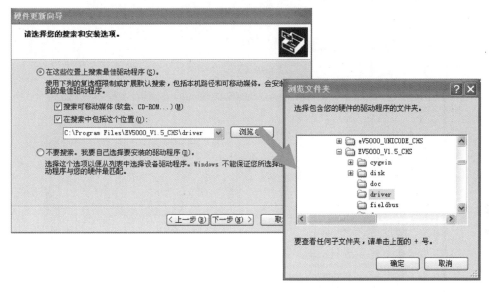

图 4-1-4　硬件更新向导

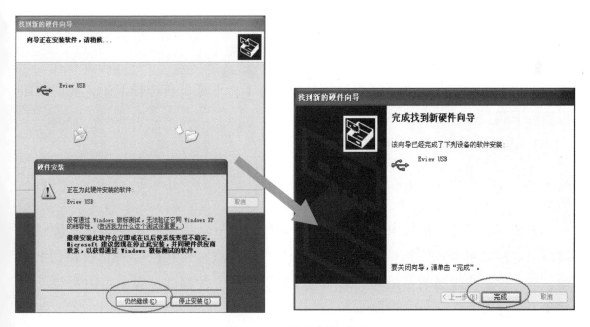

图 4-1-5　驱动安装完成

查看驱动程序是否安装成功，可通过"单击我的电脑"→"系统属性"→

"硬件"→"设备管理器"来查看，在设备管理器的"通用串行总线控制器"中出现了"Eview USB"就说明触摸屏的驱动程序已经安装完成，如图4-1-6所示，可以使用计算机给触摸屏下载组态了。

图4-1-6　驱动程序安装完成

以后采用 USB 下载则不需要进行其他设置了，下载设备选择 USB，确定后即可进行下载。

2. 连接触摸屏、PLC 和变频器

方法一：用触摸屏与三菱 FX_{3U} PLC 的专用通信线进行连接，如图 4-1-7 所示。

方法二：在使用过程中，因为需要调试系统，所以会经常插拔 RS422 接口的接线，这样会对 RS422 接口有很大损伤。这里可以添加一个 RS485BD 模块到 PLC 中，与触摸屏实现通信，RS422 保持与计算机连接，在调试过程中可以避免反复插拔 RS422 接口。

外接 COM1 通信端口 9 针 D 型母座引脚排列如图 4-1-8 所示。这个端口用于连接 MT5000 系列触摸屏人机界面和具有 RS232/485/422 通信端口的控制器。

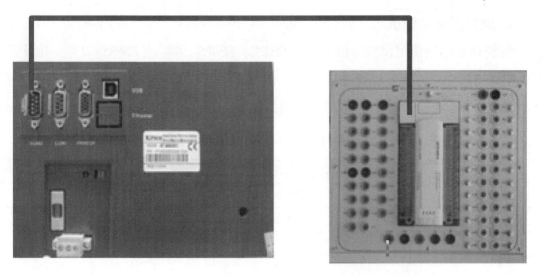

图 4-1-7　触摸屏与 PLC 的连接（一）

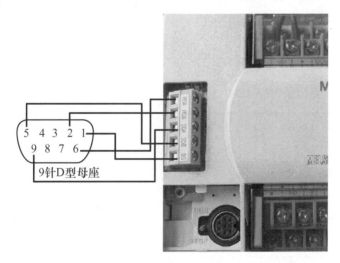

图 4-1-8　触摸屏与 PLC 的连接（二）

参照图 4-1-9 将 PLC 与变频器进行连接。

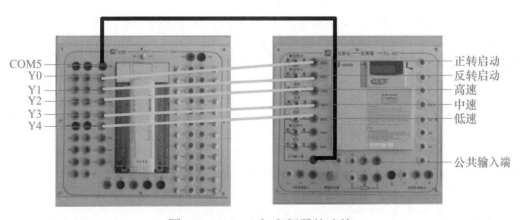

图 4-1-9　PLC 与变频器的连接

3. 建立通信并调试

根据 PLC 连线情况设置通信类型为 RS232、RS485 – 4W 或 RS485 – 2W，并设置与 PLC 相同的波特率、字长和校验位、停止位等属性。对于触摸屏属性界面右侧一栏，非高级用户一般不必改动。不同 PLC 的参数设置不一样，见表4-1-2 ~ 表4-1-5。

表 4-1-2　三菱 FX_{3U} – 48MR 型 PLC 与 MT4300C 型触摸屏的通信设置

参　数　项	推荐设置	可选设置	注　意　项
通信口类型	COM1	COM0/COM1	
通信类型	RS485 – 4	RS232/RS485	
数据位	7	7/8	必须与 PLC 通信口设定一致
停止位	1	1/2	必须与 PLC 通信口设定一致
比特率/（bit/s）	9600	9600/19200/38400/57600/115200	必须与 PLC 通信口设定一致
校验	偶校验	无/奇校验/偶校验	必须与 PLC 通信口设定一致
PLC 站号	0	0 ~ 255	必须采用推荐设定

表 4-1-3　西门子 S7 – 1200 系列 PLC 与 MT4300C 型触摸屏的通信设置

参　数　项	推荐设置	可选设置	注　意　项
通信口类型	COM1	COM0/COM1	
通信类型	RS485 – 2	RS232/RS485	
数据位	8	7/8	必须与 PLC 通信口设定一致
停止位	1	1/2	必须与 PLC 通信口设定一致
比特率/（bit/s）	9600	9600/19200/38400/57600/115200	必须与 PLC 通信口设定一致
校验	偶校验	无/奇校验/偶校验	必须与 PLC 通信口设定一致
PLC 站号	2	0 ~ 255	必须采用推荐设定

表 4-1-4　松下 AFPX 系列 PLC 与 MT4300C 型触摸屏的通信设置

参　数　项	推荐设置	可选设置	注　意　项
通信口类型	COM1	COM0/COM1	
通信类型	RS232	RS232/RS485	
数据位	8	7/8	必须与 PLC 通信口设定一致
停止位	1	1/2	必须与 PLC 通信口设定一致
比特率/（bit/s）	9600	9600/19200/38400/57600/115200	必须与 PLC 通信口设定一致
校验	奇校验	无/奇校验/偶校验	必须与 PLC 通信口设定一致
PLC 站号	1	0 ~ 255	必须采用推荐设定

表 4-1-5 欧姆龙 CP1L 系列 PLC 与 MT4300C 型触摸屏的通信设置

参 数 项	推荐设置	可选设置	注意项
通信口类型	COM1	COM0/COM1	
通信类型	RS232	RS232/RS485	
数据位	7	7/8	必须与 PLC 通信口设定一致
停止位	2	1/2	必须与 PLC 通信口设定一致
比特率/（bit/s）	9600	9600/19200/38400/57600/115200	必须与 PLC 通信口设定一致
校验	偶校验	无/奇校验/偶校验	必须与 PLC 通信口设定一致
PLC 站号	0	0 ~ 255	必须采用推荐设定

【考核标准及评价】

从知识与技能、学习态度与团队意识和工作与职业操守三方面进行综合考核，具体的评价标准见表4-1-6。

表 4-1-6 考核评价表

考核能力	考核方式	评价标准与得分				
		标准	分值	互评	师评	得分
知识与技能 (70 分)	教师评价 + 互评	程序安装是否正确	10 分			
		程序运行是否正常	15 分			
		通信是否正常	15 分			
		电路连接是否正常	15 分			
		参数设置是否正确	15 分			
学习态度与团队意识 (15 分)	教师评价	学习积极性高，有自主学习能力	3 分			
		有分析和解决问题的能力	3 分			
		能组织和协调小组活动过程	3 分			
		有团队协作精神，能顾全大局	3 分			
		有合作精神，热心帮助小组其他成员	3 分			
工作与职业操守 (15 分)	教师评价 + 互评	有安全操作、文明生产的职业意识	3 分			
		诚实守信，实事求是，有创新精神	3 分			
		遵守纪律，规范操作	3 分			
		有节能环保和产品质量意识	3 分			
		能够不断自我反思、优化和完善	3 分			

【知识链接】

一、Kinco 触摸屏的结构

Kinco 触摸屏主要由电源、拨码开关、串行通信接口、并行通信打印机接口、USB 下载接口组成，如图 4-1-10 所示。

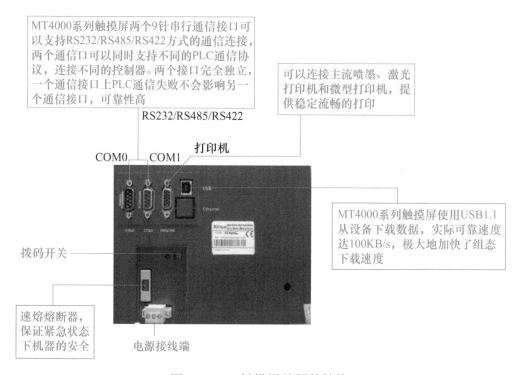

图 4-1-10 触摸屏的硬件结构

二、软件运行环境和硬件配置

1. 软件运行环境

EV5000 软件界面及各项的名称如图 4-1-11 所示。

2. 硬件配置

1）操作系统：Windows 2000/Windows XP。

2）计算机最低硬件要求（推荐配置）。

① CPU：Intel Pentium II 以上等级。

② 内存：128MB 以上（推荐 512MB）。

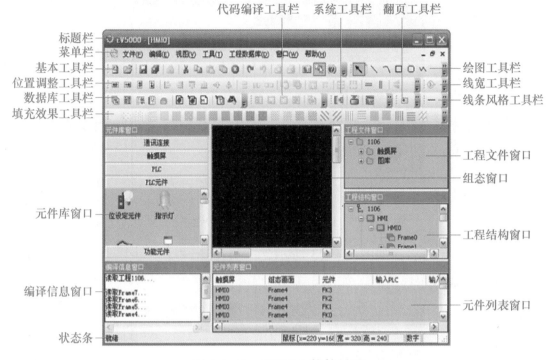

图 4-1-11 EV5000 软件界面

③ 硬盘：2.5GB 以上，最少留有100MB 以上的磁盘空间（推荐40GB 以上）。

④ 光驱：4 倍速以上光驱一个。

⑤ 显示器：支持分辨率800×600 像素，16 位色以上的显示器（推荐1024×768 像素，32 位真彩色以上）。

⑥ 鼠标、键盘：各一个。

⑦ RS232 COM 口：至少保留一个，以备触摸屏在使用串行接口通信时使用。

⑧ USB 口：USB 2.0 以上接口。

⑨ 打印机：一台。

三、触摸屏组态软件的安装与运行

本实训装置中使用的触摸屏是深圳市步科（Kinco）电气有限公司生产的 Eview MT4000 系列中的 MT4300C，该系列触摸屏应用的组态平台是 EV5000 组态软件，下面学习组态软件 EV5000 的安装步骤。

1）通过正规渠道获得软件安装包，手动运行安装包中的"Setup. exe"文件。软件安装前需要对计算机操作系统进行检测，如图4-1-12 所示。

图 4-1-12　触摸屏驱动软件安装界面（一）

2）根据向导提示，如图 4-1-13 所示，一直单击"下一步"按钮。在弹出的用户信息界面输入用户信息，如图 4-1-14 所示。

图 4-1-13　触摸屏驱动软件安装界面（二）

图 4-1-14　用户信息界面

输入用户信息后，根据安装向导，单击"下一步"按钮继续安装软件，弹出的确认安装界面，如图4-1-15所示。

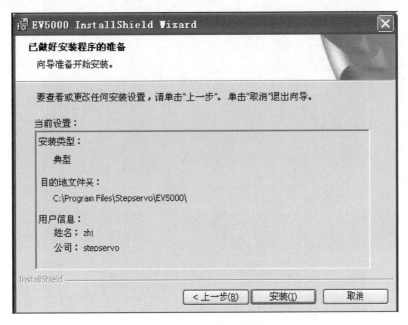

图4-1-15 确认安装界面

3）最后单击"完成"按钮，软件安装完毕。

4）运行组态软件时，可以从"开始"→"程序"→"eview"→"ev5000"菜单下找到相应的可执行文件，如图4-1-16所示。

图4-1-16 运行组态软件的操作

四、进行组态画面工程的创建

1. 创建新工程

创建工程名称是为了给触摸屏控制或监控的系统命名，通常按以下方法和步骤完成。

1）创建一个新的空白工程，安装好 EV5000 组态软件后，按图4-1-16所示方法运行。这时将弹出 EV5000 软件初始窗口，如图4-1-17所示。

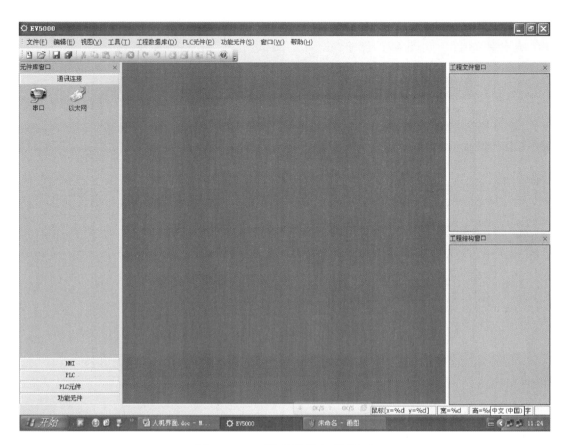

图 4-1-17　组态软件初始窗口

2）单击"文件"菜单，选择"新建工程"命令，将弹出如图 4-1-18 所示对话框，输入要创建工程的名称。可以单击»按钮选择所创建文件的存放路径。在这里命名为"test"，单击"建立"完成新工程的创建。

图 4-1-18　创建新工程

2. 建立触摸屏与 PLC 的连接和通信

触摸屏的通信连接有两种方式：一种是串口通信，另一种是以太网通信。具体使用哪种通信方式由硬件连接方式决定。

确定所需的通信连接方式，MT5000 支持串口、以太网连接，单击元件库窗口里的通信连接，选中所需的连接方式并拖入工程结构窗口中，如图 4-1-19 所示。

在触摸屏界面左侧的元件库窗口中选择触摸屏型号图标，并将其拖入工程结构窗口，松开鼠标左键，将弹出图 4-1-20 所示的对话框，可以选择水平或垂直方式显示，即水平还是垂直使用触摸屏，然后单击"OK"按钮确认。

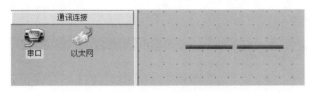

图 4-1-19　选择触摸屏的通信方式　　　　图 4-1-20　触摸屏显示方式选择

在触摸屏界面左侧元件库窗口的 PLC 标签中，将所使用的 PLC 型号的图标拖入工程结构窗口，适当移动触摸屏图标和 PLC 图标的位置，将连接端口（白色梯形）靠近连接线的任意一端，就可以顺利把它们连接起来。

注意：连接使用的端口号要与实际的物理连接一致，这样就成功地在 PLC 与触摸屏之间建立了连接。拖动触摸屏图标或者 PLC 图标检查连接线是否断开，如不断开就表示连接成功，如图 4-1-21 所示。

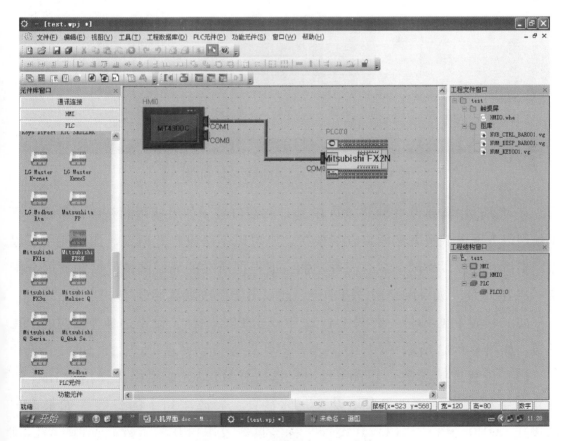

图 4-1-21　触摸屏与 PLC 连接

3. 设置触摸屏与 PLC 之间的通信参数

（1）设置触摸屏的 IP 地址和端口号 在图 4-1-21 中双击 MT4300C 图标，弹出如图 4-1-22 所示的对话框。

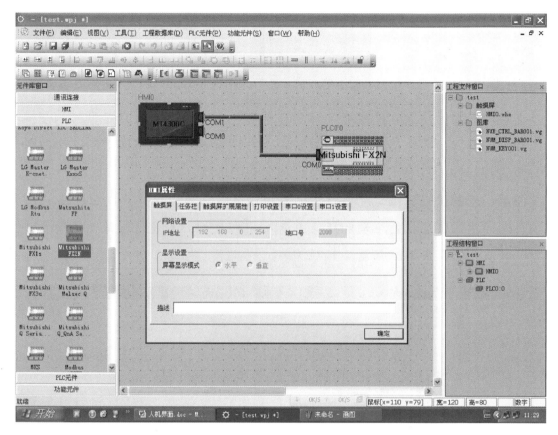

图 4-1-22 设置触摸屏的 IP 地址和端口号

在对话框中需要设置触摸屏的 IP 地址和端口号。如果使用的是单机系统，且不使用以太网下载组态和间接在线模拟，则可以不必设置此窗口。如果使用了以太网多机互联或以太网下载组态等功能，请根据所在的局域网情况给触摸屏分配唯一的 IP 地址。如果网络内没有冲突，建议不要修改默认端口号。

（2）设置 PLC 站号 在图 4-1-22 中双击 PLC 图标，设置站号为相应的 PLC站号，如图 4-1-23 所示。

（3）设置连接参数 在图 4-1-23 中双击 MT4300C 图标，弹出"HMI 属性"对话框，切换到"串口 1 设置"标签页，修改串口 1 的参数（如果 PLC连接在 COM0，请在"串口 0 设置"标签页修改串口 0 的参数），如图 4-1-24所示。

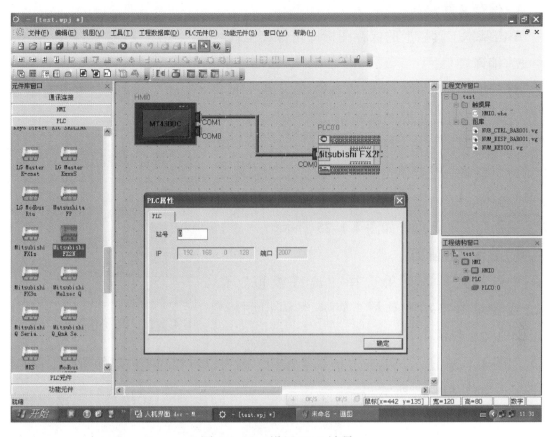

图 4-1-23 设置 PLC 站号

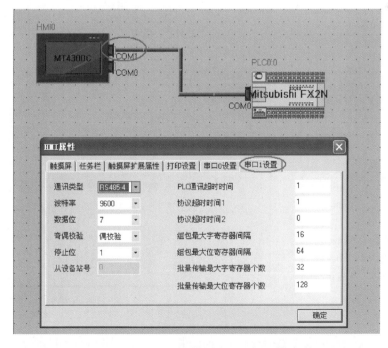

图 4-1-24 设置触摸屏与 PLC 通信参数

4. 保存文件

单击基本工具栏上的保存图标即可保存工程。

5. 编译

确认触摸屏与 PLC 的连接有没有错误，使用"编译"。如果连接没有错误，则在编译信息窗口显示"编译完成"。

具体操作：单击"工具"菜单，选择"编译"命令菜单，或者单击基本工具栏上的编译图标进行编译。编译完毕后，在编译信息窗口会出现"编译完成"信息，如图 4-1-25 所示。

图 4-1-25 编译信息窗口界面

6. 显示工程画面

单击"工具"菜单选择"离线模拟"命令，或者单击基本工具栏上的离线模拟图标，如图 4-1-26 所示。

如图 4-1-27 所示，单击"仿真"按钮，就可以看到刚刚创建的空白工程的模拟图了，如图 4-1-28 所示。

图 4-1-26 离线模拟　　　　　　　图 4-1-27 离线模拟仿真

由图中可以看到，该工程没有任何元件，并不能执行任何操作。

在当前屏幕上右击，选择"Close"命令或者直接按下空格键即可退出模拟程序。

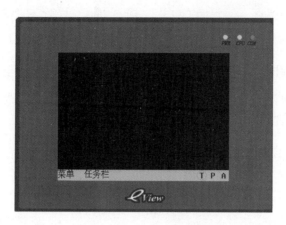

图 4-1-28　工程模拟图

【思考与练习】

一、填空题

1. 在三菱 PLC 与触摸屏的通信设置中，数据位为_____，停止位为_____，比特率为_____ bit/s，校验码为_____。

2. MT4000 系列触摸屏两个串行通信口可以支持_____、_____、_____方式的通信连接。

3. MT4000 系列触摸屏使用 USB 从设备上下载数据可以达到_____ KB/s。

4. 首次使用 EV5000 时，需在 PC 中安装用于下载触摸屏程序的_____程序。

5. EV5000 提供_____和_____两种语言的集成开发环境。

6. EV5000 软件默认安装到_____根目录下。

7. 安装结束后，EV5000 会在_____菜单创建完整的启动目录，同时操作系统桌面会创建_____和_____的快捷方式。

8. EV5000 的启动方法有两种：一种是从_____菜单中启动，另一种是双击桌面 EV5000 _____启动软件。

9. 为确保正确使用产品，禁止软件在未关闭的状态下进行_____、_____、_____。

10. 在使用新版本的软件更新旧版本软件做的工程前，请_____好旧版本做的工程。

二、判断题

1. 两个串行通信中，一个通信口上 PLC 通信失败不会影响另一个通信口。
（　　）

2. 建立组态工程时，连接使用的端口与实际物理连接一致。（　　）

3. 使用以太网组态时，如果网络内没有冲突，建议不要修改默认的端口号。
（　　）

4. USB 驱动程序必须手动安装，不能自动安装。（　　）

任务 2　　MCGS 触摸屏 TPC7062K 与 PLC 通信

【能力目标】

1）能安装 MCGS 嵌入版组态软件；

2）能创建组态工程；

3）能实现触摸屏与计算机、PLC 之间的通信连接。

【使用材料、工具、设备】（见表 4-2-1）

表 4-2-1　材料、工具及设备清单

名　称	型号或规格	数量	名　称	型号或规格	数量
触摸屏	TPC7062K	1 台	串口通信线及模块	RS485	1 套
计算机	自行配置	1 台	编程电缆	USB－SC09－FX 下载线	1 根
PLC 模块	FX$_{3U}$－48MR	1 个	接线端子	接线端子和安全插座	若干
变频器模块	FR－E740，1.5kW	1 个	连接导线	专配	若干
组态软件	MCGS 嵌入版	1 套	电工工具和万用表	电工工具套件及 MF30 型万用表	1 套
USB 下载线		1 套			

【学习组织形式】

训练和学习以小组为单位，两人为一小组，共同制订计划并实施，协作完成软硬件的安装及调试。

【任务要求及实施】

一、任务要求

按照项目 3 的组装要求，正确组装物料传送及分拣机构后，正确连接触摸屏与 PLC 通信线，建立两者之间的通信。

二、任务实施

1. 连接计算机、触摸屏与 PLC

（1）连接计算机和触摸屏　采用 USB 线连接触摸屏与计算机，如图 4-2-1 所示，扁平接口插到计算机的 USB 口，微型接口插到 TPC7062K 型触摸屏的 USB2 口。

图 4-2-1　触摸屏与计算机连接

（2）连接 PLC 和触摸屏　在系统调试过程中，为了避免经常插拔 RS422 接口的编程线，通常采用增加 RS485BD 模块实现 PLC 与触摸屏通信。RS485 通信线如图 4-2-2 所示。TPC 端使用 9 针 D 型母头连接到触摸屏的串口，PLC 端使用 RS485BD 模块连接到 PLC 功能扩展板接口，PLC 与触摸屏连接如图 4-2-3 所示。

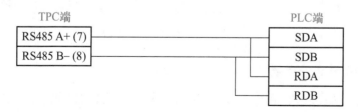

图 4-2-2　RS485 通信线

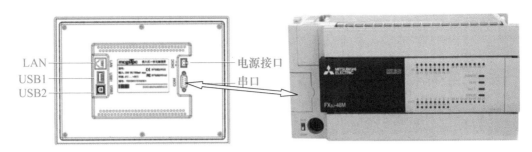

LAN
USB1
USB2

电源接口
串口

图 4-2-3　PLC 与触摸屏连接

2. 设置 PLC 通信参数

1）打开 GX Developer 编程软件，在工程数据列表中单击参数前面的" + "，出现"PLC 参数"选项，如图 4-2-4 所示。

2）双击"PLC 参数"图标，弹出"FX 参数设置"对话框，单击"PLC 系统（2）"标签，勾选"通信设置操作"项，PLC 通信参数设置如图 4-2-5 所示。

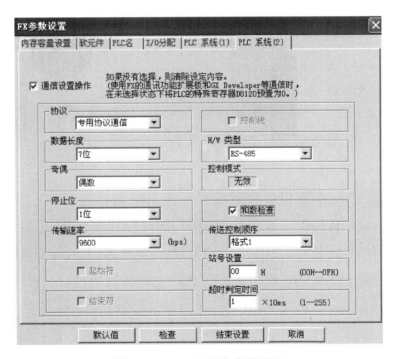

图 4-2-4　PLC 参数选项　　　　　图 4-2-5　PLC 通信参数设置

3. 设置触摸屏通信参数

触摸屏通信参数设置如图 4-2-6 所示。其中，通信波特率、数据位位数、停止位位数、数据校验方式等通信参数必须要和 PLC 设置一致。

图 4-2-6　触摸屏通信参数设置

4. 通信测试

自行设计触摸屏界面和 PLC 程序，并进行通信测试。

【考核标准及评价】

从知识与技能、学习态度与团队意识和工作与职业操守三方面进行综合考核，具体的评价标准见表 4-2-2。

表 4-2-2　考核评价表

考核能力	考核方式	评价标准与得分				
		标准	分值	互评	师评	得分
知识与技能（70分）	教师评价 + 互评	组态软件安装是否正确	10 分			
		组态工程是否正确	15 分			
		通信是否正常	15 分			
		触摸屏与计算机、PLC 连接是否正确	15 分			
		参数设置是否正确	15 分			
学习态度与团队意识（15分）	教师评价	学习积极性高，有自主学习能力	3 分			
		有分析和解决问题的能力	3 分			
		能组织和协调小组活动过程	3 分			
		有团队协作精神，能顾全大局	3 分			
		有合作精神，热心帮助小组其他成员	3 分			

（续）

考核能力	考核方式	评价标准与得分				
		标准	分值	互评	师评	得分
工作与职业操守（15分）	教师评价＋互评	有安全操作、文明生产的职业意识	3分			
		诚实守信，实事求是，有创新精神	3分			
		遵守纪律，规范操作	3分			
		有节能环保和产品质量意识	3分			
		能够不断自我反思、优化和完善	3分			

【知识链接】

一、触摸屏的外部接口

TPC7062K 型触摸屏的外部接口及说明如图 4-2-7 所示。

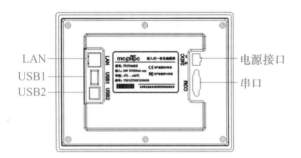

项目	TPC7062K
LAN(RJ45)	以太网接口
串口(DB9)	1×RS232，1×RS485
USB1	主口，USB1.1兼容
USB2	从口，用于下载工程
电源接口	DC 24V(1±20%)

图 4-2-7　TPC7062K 型触摸屏的外部接口及说明

二、MCGS 嵌入版组态软件的安装

1）将 MCGS 嵌入版组态软件安装光盘放入光驱，或者手动运行光盘根目录下的 "Autorun. exe" 文件，自动弹出 MCGS 组态软件安装界面，如图 4-2-8 所示。

2）单击 "安装组态软件" 按钮，弹出版权界面，如图 4-2-9 所示，几秒后，自动进入组态软件安装欢迎界面，如图 4-2-10 所示。

图 4-2-8 MCGS 组态软件安装界面   图 4-2-9 版权界面

3）单击"下一步"按钮，弹出自述文件界面，如图 4-2-11 所示。

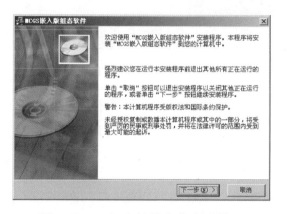

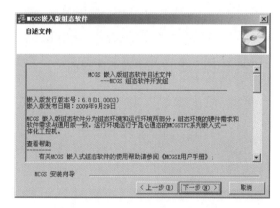

图 4-2-10 组态软件安装欢迎界面   图 4-2-11 自述文件界面

4）单击"下一步"按钮，弹出选择目标目录界面，提示可以指定安装目录。如果用户没有指定，系统默认安装到 D：\MCGSE 目录下，建议使用默认安装目录，如图 4-2-12 所示。

5）单击"下一步"按钮，弹出开始安装界面，如图 4-2-13 所示。

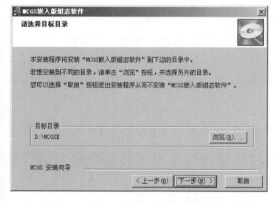

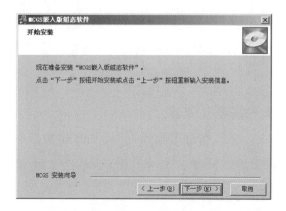

图 4-2-12 选择目标目录界面   图 4-2-13 开始安装界面

6）单击"下一步"按钮，弹出正在安装界面，如图4-2-14所示，系统安装大约需要几分钟。

7）组态软件安装完成后，自动弹出驱动安装询问对话框，如图4-2-15所示。

图4-2-14　正在安装界面

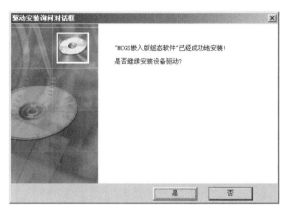

图4-2-15　驱动安装询问对话框

8）单击"是"按钮，弹出驱动安装欢迎界面，如图4-2-16所示。

9）单击"下一步"按钮，弹出驱动选择界面，如图4-2-17所示，一般情况下勾选"所有驱动"。

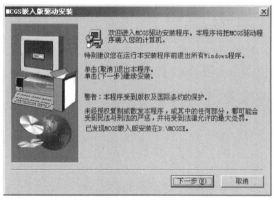

图4-2-16　驱动安装欢迎界面

图4-2-17　驱动选择界面

10）单击"下一步"按钮，弹出驱动安装界面，如图4-2-18所示，驱动安装大约需要几分钟。

11）驱动安装完成后，自动弹出驱动安装成功界面，如图4-2-19所示，单击"完成"按钮，在Windows操作系统桌面上将出现MCGS组态环境和模拟运行环境两个图标。

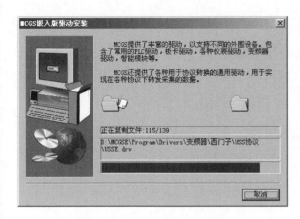

图 4-2-18 驱动安装界面

图 4-2-19 驱动安装成功界面

三、组态环境的基本界面

MCGS 组态环境的基本界面如图 4-2-20 所示。工作台面包括主控窗口、设备窗口、用户窗口、实时数据库和运行策略五个部分，主要进行组态操作和属性设置，同时为用户提供丰富的组态资源，包括系统图形工具箱、设备构件工具箱、策略构件工具箱及对象元件库等。

图 4-2-20 MCGS 组态环境基本界面

四、组态环境的基本操作

1. 新建工程

1）双击桌面上的"　"图标，打开 MCGS 组态环境。

2）单击工具按钮　，弹出"新建工程设置"对话框，如图 4-2-21 所示。

3）在"类型"栏选择"TPC7062K"，在"背景"栏设置背景色、网格、列宽及行高，最后单击"确认"按钮，完成工程的新建。

2. 打开工程

1）单击工具按钮📁，弹出"打开"对话框，如图 4-2-22 所示。

2）在"查找范围(I)"栏选择文件的路径，在"文件名(N)"栏输入需要打开的文件名，最后单击"打开"按钮，完成工程的打开。

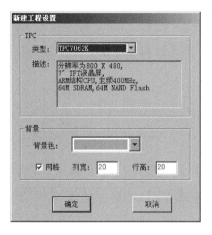

图 4-2-21 "新建工程设置"对话框

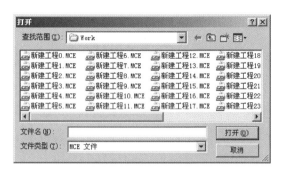

图 4-2-22 "打开"对话框

3. 保存工程

如果 MCGS 嵌入版组态软件安装在 D 盘根目录下，单击工具按钮💾，就会将文件保存在 D:\MCGSE\WORK 目录下。

单击"文件"菜单，选择"工程另存为"命令，弹出"保存为"对话框，如图 4-2-23 所示，在"保存在(I)"栏选择保存文件的路径，在"文件名(N)"栏输入需要保存的文件名，最后单击"保存"按钮，完成工程的另存。

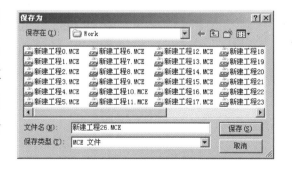

图 4-2-23 "保存为"对话框

4. 组态检查

单击工具按钮✔，检查当前过程的组态结果是否正确，并弹出相应对话框。

5. 工程下载并进入运行环境

在组态环境下，单击工具按钮"🖥"，弹出"下载配置"对话框，如图 4-2-24 所示。

（1）设置域 "背景方案"用于设置模拟运行环境屏幕的分辨率，用户可根据需要选择。

（2）功能按钮　"通信测试"按钮用于测试通信情况；"工程下载"按钮用于将工程下载到模拟运行环境或下位机的运行环境中；"启动运行"按钮用于启动嵌入式系统中的工程运行；"停止运行"按钮用于停止嵌入式系统中的工程运行；"模拟运行"按钮用于工程在模拟运行环境下运行；"连机运行"按钮用于工程在实际的下位机中运行；"驱动日志"按钮用于搜集驱动工作中的各种信息。

（3）下载选项　"清除配方数据"选项用于重新下载时是否清除屏中原来工程的配方数据；"清除历史数据"选项用于重新下载时是否清除屏中原工程中保存的存盘数据；"清除报警记录"选项用于重新下载时是否清除屏中以前运行时的报警记录；"支持工程上传"选项用于下载后是否可以上传现在正在下载的原工程至 PC。

五、组态设备构件

1）单击工作台面"设备窗口"标签，再单击"设备组态"按钮，最后单击工具按钮🔨，弹出"设备工具箱"窗口，如图 4-2-25 所示。

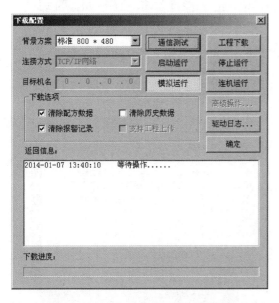

图 4-2-24　"下载配置"对话框

图 4-2-25　"设备工具箱"窗口

2）单击"设备管理"按钮，弹出"设备管理"窗口，如图 4-2-26 所示。

3）单击"可选设备"栏中"PLC"前面的"＋"，单击"三菱"前面的"＋"，再单击"三菱 FX 系列串口"前面的"＋"，双击"三菱 FX 系列串

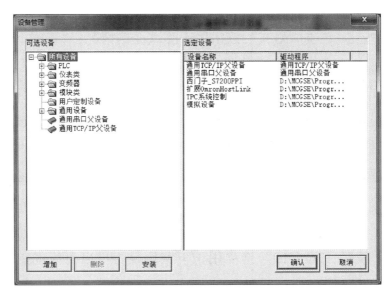

图 4-2-26　设备管理窗口

"口"图标，将"三菱 FX 系列串口"添加到"选定设备"列表框，单击"确认"按钮返回"设备工具箱"窗口，出现"三菱 FX 系列串口"图标。

4) 双击"通用串口父设备"图标，将通用串口父设备添加到"设备组态"窗口，然后双击"三菱 FX 系列串口"图标，将三菱 FX 系列串口添加到"设备组态"窗口，如图 4-2-27 所示。

5) 双击"通用串口父设备"图标，弹出"通用串口设备属性编辑"窗口，进行通用串口设备基本属性设置，如图 4-2-28 所示，注意串口号应选 COM2。

图 4-2-27　设备组态窗口　　　　图 4-2-28　"通用串口设备属性编辑"窗口

6) 双击"三菱 FX 系列串口"图标，弹出设备编辑窗口，设置设备构件基本属性、设备连接、数据处理和设备调试等属性，如图 4-2-29 所示。

图 4-2-29　设备构件基本属性设置

【思考与练习】

一、填空题

1. TPC7062K 型触摸屏采用_____电源。

2. 组态软件安装完成后，桌面上添加了_____和_____两个图标。

3. 触摸屏和 PLC 通信设置中，数据长度为_____，停止位为_____，波特率为_____，数据校验方式为_____。

4. MCGS 嵌入版组态软件包括_____、_____、_____三部分。

5. _____是应用系统的父窗口和主框架，其基本职责是调度与管理运行系统，反映出应用工程的总体概貌。

二、判断题

1. TPC7062K 型触摸屏采用 USB1 下载工程。（　　）

2. 用户指定设备通道与数据对象之间的对应关系称为通道连接。（　　）

3. 采用 RS485 通信时，TPC7062K 型触摸屏串口端口号选择 COM1。（　　）

4. 组态软件默认安装到 D：\MCGSE 目录下。（　　）

5. 先添加"通用串口父设备"到"设备组态"窗口，才可以添加"三菱 FX 系列串口"到"设备组态"窗口。（　　　　）

三、问答题

1. 简述 MCGS 嵌入版应用系统的结构。

2. 简述采用编程线建立触摸屏与 PLC 通信的实施方案。

任务3　物料传送及分拣机构的多段速度控制

【能力目标】

1）能创建组态工程；

2）能运用常用构件进行组态；

3）能按照要求定义数据对象；

4）能按照要求完成通道连接；

5）能使用触摸屏实现机电一体化设备的多段速度控制。

【使用材料、工具、设备】（见表 4-3-1）

表 4-3-1　材料、工具及设备清单

名　　称	型号或规格	数量	名　　称	型号或规格	数量
触摸屏	TPC7062K	1 台	串口通信线及模块	RS485	1 套
计算机	自行配置	1 台	三相减速电动机	40r/min，380V	1 台
传送机构	三相减速电动机（380V，输出转速为 40r/min）1 台，传送带 1335mm × 49mm × 2mm	1 套	连接导线	专配	若干
按钮模块	专用模块	1 个	电工工具和万用表	电工工具套件及 MF30 型专用表	1 套
PLC 模块	FX_{3U} – 48MR	1 个	接线端子	接线端子和安全插座	若干
组态软件	MCGS 嵌入版	1 套	编程软件	GX Works2 编程软件	1 套
USB 下载线	USB – TCP 下载线	1 套			

【学习组织形式】

训练和学习以小组为单位，两人为一小组，共同制订计划并实施，协作完成软硬件的安装及调试。

【任务要求及实施】

一、任务要求

按照项目3的组装要求，正确组装物料传送及分拣机构，建立组态界面控制物料传送及分拣机构，实现对物料传送及分拣机构的启动、停止、低速（20Hz）、中速（30Hz）和高速（40Hz）控制。

二、任务实施

1. 创建组态

组态界面如图4-3-1所示。

a) 初始窗口　　　　　　　　　　b) 功能窗口

图4-3-1　组态界面

2. 连接变频器并设置参数

（1）PLC与变频器连接　PLC与变频器连接如图4-3-2所示。

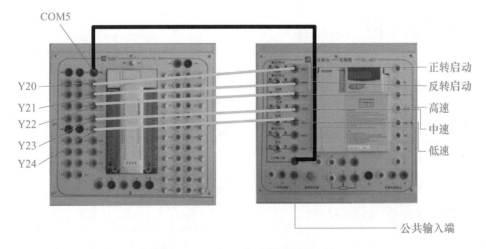

图4-3-2　PLC与变频器的连接

（2）变频器参数设置 变频器参数设置见表4-3-2。

表 4-3-2 变频器参数设置

序 号	参 数 号	功能说明	设置值	备 注
1	Pr1	上限频率	50Hz	必须设置
2	Pr2	下限频率	0Hz	
3	Pr4	高速	40Hz	
4	Pr5	中速	30Hz	
5	Pr6	低速	20Hz	
6	Pr79	模式设置	2	

3. 编写 PLC 程序

（1）I/O分配 I/O分配见表4-3-3。

表 4-3-3 I/O 分配表

输 入		输 出	
地址编号	名称与代号	地址编号	名称与代号
		Y20	正转启动
		Y21	反转启动
		Y22	高速运行
		Y23	中速运行
		Y24	低速运行

（2）PLC 梯形图 PLC 梯形图如图4-3-3所示。

4. 建立通信并调试

【考核标准及评价】

从知识与技能、学习态度与团队意识和工作与职业操守三方面进行综合考核，具体的评价标准见表4-3-4。

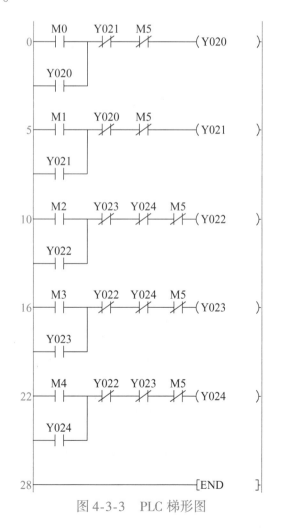

图 4-3-3 PLC 梯形图

表 4-3-4　考核评价表

考核能力	考核方式	评价标准与得分				
		标准	分值	互评	师评	得分
知识与技能 （70 分）	教师评价 + 互评	程序设计是否正确	10 分			
		触摸屏界面是否正确	15 分			
		通信是否正常	15 分			
		电路连接是否正常	15 分			
		参数设置是否正确	15 分			
学习态度与 团队意识 （15 分）	教师评价	学习积极性高，有自主学习 能力	3 分			
		有分析和解决问题的能力	3 分			
		能组织和协调小组活动过程	3 分			
		有团队协作精神，能顾全 大局	3 分			
		有合作精神，热心帮助小组 其他成员	3 分			
工作与 职业操守 （15 分）	教师评价 + 互评	有安全操作、文明生产的职 业意识	3 分			
		诚实守信，实事求是，有创 新精神	3 分			
		遵守纪律，规范操作	3 分			
		有节能环保和产品质量意识	3 分			
		能够不断自我反思、优化和 完善	3 分			

【知识链接】

一、装载位图

1）单击工具图标▣，在用户窗口内按住鼠标左键拖动指针到适当位置，然后松开鼠标左键，在用户窗口内出现▣图案，说明在该位置建立了位图对象。

2）右击该图案，在弹出的菜单中选择"装载位图"命令，弹出"打开"对话框，如图 4-3-4 所示，选取相应位图，单击"打开"按钮，即可将该位图装载到用户窗口。

3）右击该位图，在弹出的菜单中选择"调整构件"命令，调整该位图的图形对象大小和位图的实际大小一致。

二、插入时钟

1）单击工具图标，弹出"对象元件库管理"对话框。

2）从"对象元件列表"中选择"时钟"，在该对话框右侧区域将显示各种时钟图形，选择所需时钟图形对象，单击"确定"按钮，即可将该时钟放置在用户窗口中，如图4-3-5所示。

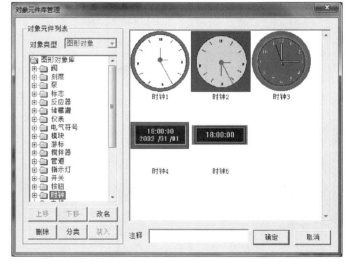

图 4-3-4　打开相应位图文件　　　　　图 4-3-5　插入时钟元件

3）在用户窗口中调整时钟位置和大小。

三、标签构件

单击工具图标**A**，在用户窗口内按住鼠标左键拖动指针到适当位置，然后松开鼠标左键，在用户窗口内出现■图案，说明在该位置创建了标签构件。双击标签构件，弹出"标签动画组态属性设置"对话框，可设置标签构件相关属性。

1. 属性设置

标签构件属性设置页面如图4-3-6所示，主要用于填充颜色、字符颜色、边线颜色、边线线型及字体的设置。

2. 扩展属性

标签构件扩展属性页面，如图4-3-7所示，主要用于设置对齐方式和文本内容排列方式,并可在"文本内容输入"栏输入文本。

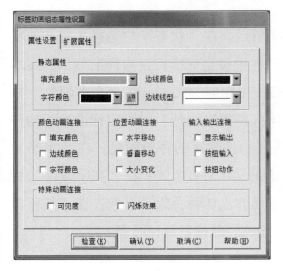

图 4-3-6 标签构件属性设置页面

图 4-3-7 标签构件扩展属性页面

3. 显示输出

在标签构件属性设置页面勾选
"显示输出"项时,单击"显示输出"
标签,将弹出标签构件显示输出页面,
如图 4-3-8 所示。在"表达式"栏指定
标签构件所连接的表达式名称,使用右
侧 ? 按钮可以查找已经定义的所有数据
对象,双击所要链接的数据对象,即可
将其设置在栏内;在"输出值类型"
栏选择输出值类型,包括开关量输出、
数值量输出和字符串输出;在"输出
格式"栏设定数值的格式,包括十进

图 4-3-8 标签构件显示输出页面

制、十六进制、二进制、前导 0、四舍五入、密码、自然小数位和浮点输出。

四、标准按钮构件

单击工具图标 ⏎,在用户窗口按住鼠标左键不放,拖动指针到适当位置,然
后松开鼠标左键,在用户窗口内出现 按钮 图案,说明在该位置创建了标准按钮构
件。双击标准按钮构件,弹出"标准按钮构件属性设置"对话框,可设置标准按

钮构件相关属性。

1. 基本属性

标准按钮构件基本属性页面如图4-3-9所示。在"状态"栏选择按钮初始状态，包括按下和抬起两个状态；在"文本"栏中设定标准按钮构件上显示的文本内容；"用相同文本"按钮可设置两种状态使用相同的文本；在"文本颜色"栏设定标准按钮构件上显示文字的颜色和字体；在"边线色"栏设定标准按钮构件边线的颜色，在"背景色"栏设定标准按钮构件文字的背景颜色；在"水平对齐"和"垂直对齐"栏指定标准按钮构件上的文字对齐方式；在"文字效果"栏指定标准按钮构件上的文字显示效果，有平面和立体两种效果可选；在"按钮类型"栏指定标准按钮构件的类型，有3D按钮和轻触按钮两种可选。

2. 操作属性

标准按钮构件操作属性页面如图4-3-10所示，首先应选中将要设定的状态，然后勾选将要设定的功能前面的复选按钮。

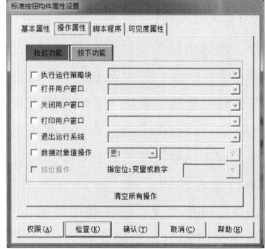

图4-3-9　标准按钮构件基本属性页面　　图4-3-10　标准按钮构件操作属性页面

"打开用户窗口"和"关闭用户窗口"可以设置打开或关闭一个指定的用户窗口，可以在右侧下拉菜单的用户窗口列表中选取；"退出运行系统"有退出运行程序、退出运行环境、退出操作系统、重启操作系统和关机五种操作供选择；"数据对象值操作"一般用于对开关型对象的值进行取反、清0、置1、按1松0、按0松1操作，可以按下输入栏右侧的按钮，从弹出的数据对象列表中选取数据对象；"按位操作"用于操作指定的数据对象的位，操作的位的位置可以指定变量或数字；"清空所有操作"用于快捷地清空两种状态的所有操作属性设置。

五、定义数据对象

1）单击工作台面的"实时数据库"标签，进入实时数据库窗口。

2）单击"新增对象"按钮，在数据对象列表中增加新数据对象，如图 4-3-11 所示。

3）选中数据对象，单击"对象属性"按钮，将打开"数据对象属性设置"对话框，如图 4-3-12 所示。

图 4-3-11　增加新数据对象　　　　图 4-3-12　"数据对象属性设置"对话框

4）设置数据对象名称、工程单位、对象初值、最大值、最小值、对象类型及对象内容注释等基本特征信息；在"对象名称"栏内可以输入代表对象名称的字符串，字符个数不得超过 32 个（汉字 16 个），对象名称的第一个字符不能为"！""＄"符号或 0~9 的数字，字符串中间不能有空格。

六、通道连接

图 4-3-13　设备组态：设备窗口

1）如图 4-3-13 所示，在设备组态：设备窗口双击"三菱 FX 系列串口"图标，弹出设备编辑窗口，如图 4-3-14 所示。

2）单击"增加设备通道"按钮，弹出"添加设备通道"对话框，如图 4-3-15 所示。在"通道类型"栏选择 PLC 寄存器及触点，包括 X 输入寄存器、Y 输出寄

图 4-3-14 设备编辑窗口

存器、M 辅助寄存器、S 状态寄存器、T 定时器触点、C 计数器触点、D 数据寄存器等。设置好通道类型、通道地址、通道个数、数据类型及读写方式,单击"确认"按钮返回设备编辑窗口。

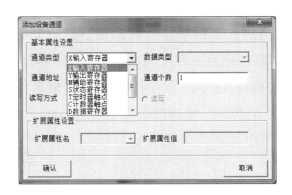

图 4-3-15 "添加设备通道"对话框

3)双击增加的设备通道,弹出"变量选择"对话框,如图 4-3-16 所示,从数据对象列表框中双击需要选择的变量。

4)返回设备编辑窗口,单击"确认"按钮,完成通道的连接。

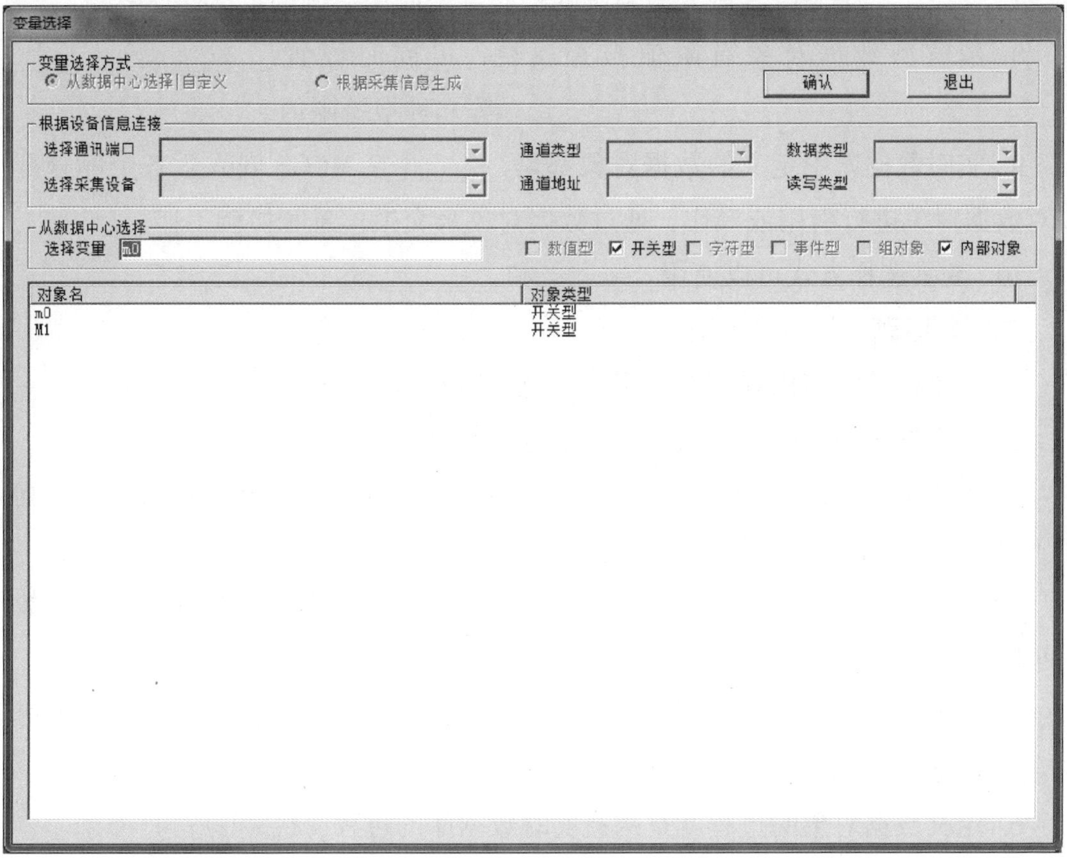

图 4-3-16 "变量选择"对话框

【思考与练习】

一、填空题

1. 装载位图时，选取位图后缀为_____，位图大小不能超过_____。

2. 标签构件除了具有文本标记功能之外，还具有_____、_____、颜色动画连接、特殊动画连接的功能。

3. 标准按钮构件有_____与_____两种状态，可分别设置其动作。

4. 标准按钮构件在可见状态下，鼠标移过标准按钮上方时，将变为_____，表示可以进行鼠标或按键操作。

5. 在标准按钮构件数据对象值操作属性设置中，当用鼠标在构件上按下时，对应数据对象的值为1，当而松开鼠标时，对应数据对象的值为0，称为_____。

6. 将数值、属性和方法定义成一体的数据称为_____。

7. _____是 MCGS 嵌入版系统的核心，是应用系统的数据处理中心。

8. 数值型数据对象有限值报警属性，可同时设置_____、_____、_____、_____、_____、_____等六种报警限值。

9. 实时数据库中定义的数据对象都是_____，MCGS 嵌入版各个部分都可以对数据对象进行引用或操作，通过数据对象来交换信息和协调工作。

10. 变量选择方式可以使用_____和_____。

二、判断题

1. 标签构件纵向排列文本内容时只允许输入单行文本。（　　）

2. 标准按钮构件的一种状态只能指定一种操作属性。（　　）

3. 当指定构件的可见度表达式满足条件时，该构件将呈现可见状态，否则处于不可见状态。（　　）

4. 在 MCGS 嵌入版组态软件中，数据不同于传统意义的数据或变量，以数据对象的形式来进行操作与处理。（　　）

5. 数据组对象是多个数据对象的集合，应包含两个以上的数据对象，也可以包含其他的数据组对象。（　　）

6. 定义数据对象的过程就是构造实时数据库的过程。（　　）

7. 对象名称的第一个字符可以为数字，字符串中间不能有空格。（　　）

8. 数据对象的基本属性中包含数据对象的名称、单位、初值、取值范围和类型等基本特征信息。（　　）

三、综合题

1. 采用标签构件设计文字水平循环移动。

2. 设计触摸屏界面，实现机电一体化设备七段速度控制。

任务4　物料传送及分拣机构的数量监控

【能力目标】

1）能建立工程实现触摸屏与 PLC 的数据交换；

2）能监视设备运行过程中的数据；

3）能设置料槽最大可存储物料的数量；

4）能设置不同等级操作权限，在运行时修改用户密码。

【使用材料、工具、设备】（见表4-4-1）

表4-4-1　材料、工具及设备清单

名　　称	型号或规格	数量	名　　称	型号或规格	数量
触摸屏	TPC7062K	1台	USB下载线	USB–TCP下载线	1套
计算机	自行配置	1台	串口通信线及模块	RS485	1套
传送机构	三相减速电动机（380V，输出转速为40r/min）1台，传送带1335mm×49mm×2mm 1条，输送架	1套	连接导线	专配	若干
按钮模块	专用模块	1个	电工工具和万用表	电工工具套件及MF30型万用表	1套
PLC模块	FX_{3U}–48MR	1个	接线端子	接线端子和安全插座	若干
组态软件	MCGS嵌入版	1套			

【学习组织形式】

训练和学习以小组为单位，两人为一小组，共同制订计划并实施，协作完成软硬件的安装及调试。

【任务要求及实施】

一、任务要求

1. 设备的动作

在设备开始工作前，应进行上电复位：机械手爪松开，机械手气动手臂活塞杆缩回，机械手停止在左侧极限位置，皮带输送机拖动电动机停止，所有单出气缸活塞杆缩回。

启动：按下启动按钮，绿色警示灯亮，变频器以20Hz频率驱动皮带输送机启动。

送料：当物料平台的光电传感器检测到物料时，送料电动机停止，等待机械手抓取物料。

机械手搬运物料：机械手气动手臂伸出→手臂下降→气动手爪合拢抓紧物料，

抓紧 1s 后，手臂上升→气动手臂缩回→机械手向右转动到右限位位置→机械手气动手臂伸出→手臂下降→气动手爪松开，将物料放入落料口，松开 1s 后，手臂上升→气动手臂缩回→机械手向左转动到左限位位置停止。

物料分拣：物料进入落料口，变频器以 30Hz 频率驱动皮带输送机运行。

要求第一个料槽为金属料槽，第二个料槽为白色非金属料槽，第三个料槽为黑色非金属料槽。当物料超出设定分拣物料的最大数量时，物料运行到最末端时由人工取走多余的物料。

正常停止：如果在正常运行过程中按下停止按钮，绿灯灭，系统立即停止，下一次启动时，在传送带上的物料运行到最末端由人工取走多余的物料后才能正常启动。

暂停：在设备运行过程中按下暂停按钮，设备暂时停止工作，按下启动按钮后设备从暂停点开始继续工作。需要对料槽进行清零操作时，先按下暂停按钮然后进行清零操作。

断电：若工作过程中断电，恢复供电后设备不能自动启动，此时需按一次启动按钮，系统才能接着断电前的状态运行。

2. 设备要求

设备分别由启动、停止、暂停按钮控制，在机械手夹持物料时按下任何按钮设备不做响应。

当机械手将物料放入落料口后，立刻返回原点，并继续进行抓取物料的操作。

3. 触摸屏控制

主界面设有三种操作权限，分别为操作人员、技术人员和管理人员。操作人员只能进行设备操作，如启动、停止、暂停操作。技术人员除了可以进行设备操作外，还可以设置设备参数。管理人员既可以操作设备，又可以设置参数，还可以修改用户密码。

监视设备运行页面：上述三种人员都有权限进入。进入到监视设备运行页面可以对设备进行启动、停止、暂停控制。当料槽中物料数量超过最大设定数量时，按下"暂停"按钮然后再按"清零"按钮就可以清除某一个料槽内已有的数量，下次再来物料时又可以进入该料槽。

设置最大参数页面：技术人员和管理人员均有权限进入设置最大参数页面，进入该页面可以设置每个料槽最大可存储物料的数量。

修改用户密码页面：只有管理人员才可以进入修改用户密码页面，进入该页面，单击"密码"按钮，就可以修改三种人员的登录密码，方便管理。

二、任务实施

1. 建立组态画面

组态界面如图 4-4-1 所示。

图 4-4-1　组态界面

2. 编写 PLC 程序

（1）I/O 分配　I/O 分配见表 4-4-2。

表 4-4-2　I/O 分配表

输入信号			输出信号		
序　号	输入地址	说　　明	序　号	输出地址	说　　明
1	X0	启动按钮	1	Y0	驱动转盘电动机
2	X1	停止按钮	2	Y1	旋转气缸正转
3	X2	暂停按钮	3	Y2	旋转气缸反转
4	X3	气动手爪传感器	4	Y3	气动手爪夹紧
5	X4	机械手旋转左限位传感器	5	Y4	气动手爪松开
6	X5	机械手旋转右限位传感器	6	Y5	提升气缸上升
7	X6	气动手臂伸出限位传感器	7	Y6	提升气缸下降
8	X7	气动手臂缩回限位传感器	8	Y7	气动手臂气缸伸出

（续）

输入信号			输出信号		
序　号	输入地址	说　明	序　号	输出地址	说　明
9	X10	手爪提升限位传感器	9	Y10	气动手臂气缸缩回
10	X11	手爪下降限位传感器	10	Y11	推料一气缸伸出
11	X12	物料检测光电传感器	11	Y12	推料二气缸伸出
12	X13	推料一气缸伸出限位传感器	12	Y13	推料三气缸伸出
13	X14	推料一气缸缩回限位传感器	13	Y20	驱动绿色警示灯
14	X15	推料二气缸伸出限位传感器	14	Y21	变频器 STF
15	X16	推料二气缸缩回限位传感器	15	Y22	变频器 RM
16	X17	推料三气缸伸出限位传感器	16	Y23	变频器 RL
17	X20	推料三气缸缩回限位传感器			
18	X21	传送带入料检测光电传感器			
19	X22	自动推料一传感器			
20	X23	自动推料二传感器			
21	X24	自动推料三传感器			

（2）系统电路原理图　系统电路原理图如图 4-4-2 所示。

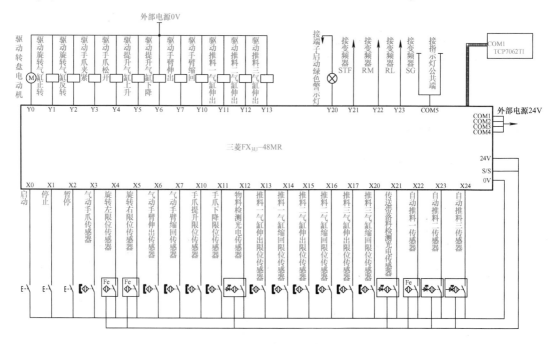

图 4-4-2　系统电路原理图

（3）PLC 控制程序设计　在 PLC 控制程序设计中，梯形图程序如图 4-4-3 所示，SFC 功能图如图 4-4-4 所示。

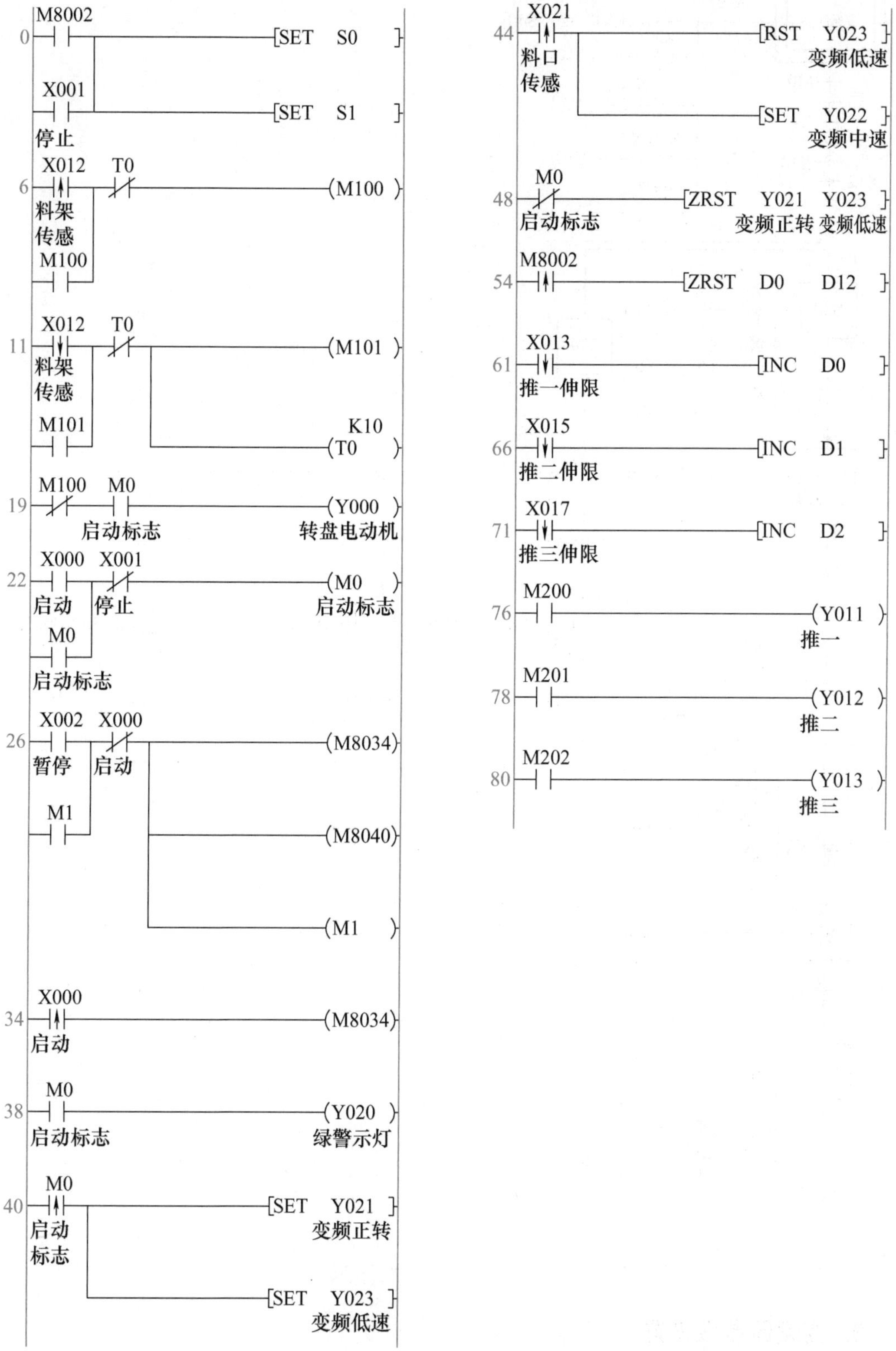

```
     M8002
0  ──┤├──────────────────────────[SET  S0 ]

     X001
   ──┤├──────────────────────────[SET  S1 ]
    停止

     X012    T0
6  ──┤↑├───┤/├──────────────────( M100 )
    料架
    传感
     M100
   ──┤├──

     X012    T0
11 ──┤↑├───┤/├──────────────────( M101 )
    料架
    传感
     M101                        K10
   ──┤├────────────────────────( T0 )

     M100  M0
19 ──┤/├──┤├──────────────────( Y000 )
         启动标志              转盘电动机

     X000  X001
22 ──┤├──┤/├──────────────────( M0 )
    启动  停止                  启动标志
     M0
   ──┤├──
   启动标志

     X002  X000
26 ──┤├──┤/├──────────────────( M8034 )
    暂停  启动
     M1
   ──┤├────────────────────────( M8040 )

                                ( M1 )

     X000
34 ──┤↑├──────────────────────( M8034 )
    启动

     M0
38 ──┤├──────────────────────( Y020 )
    启动标志                   绿警示灯

     M0
40 ──┤↑├─────────────────────[SET  Y021 ]
    启动                       变频正转
    标志
                              [SET  Y023 ]
                               变频低速

     X021
44 ──┤↑├─────────────────────[RST  Y023 ]
    料口                       变频低速
    传感
                              [SET  Y022 ]
                               变频中速

     M0
48 ──┤↑├──────────────[ZRST  Y021  Y023 ]
    启动标志            变频正转 变频低速

     M8002
54 ──┤↑├──────────────[ZRST  D0  D12 ]

     X013
61 ──┤├──────────────────────[INC  D0 ]
    推一伸限

     X015
66 ──┤↑├─────────────────────[INC  D1 ]
    推二伸限

     X017
71 ──┤↑├─────────────────────[INC  D2 ]
    推三伸限

     M200
76 ──┤├──────────────────────( Y011 )
                               推一
     M201
78 ──┤├──────────────────────( Y012 )
                               推二
     M202
80 ──┤├──────────────────────( Y013 )
                               推三
```

图 4-4-3　梯形图程序

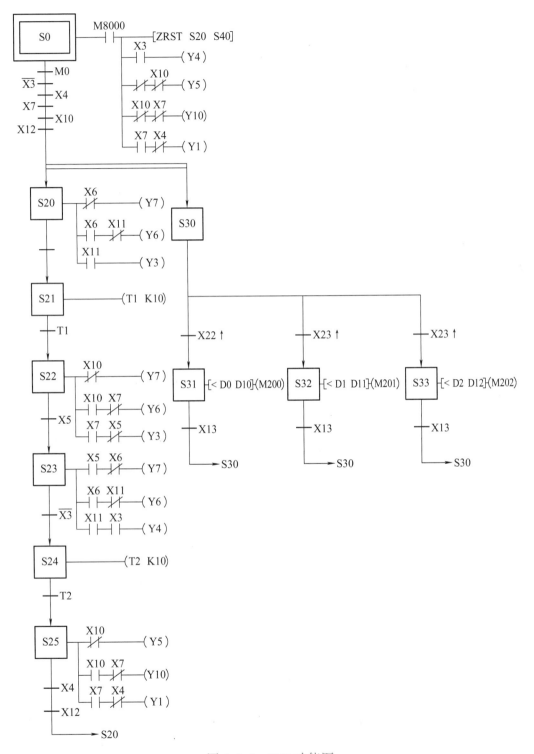

图 4-4-4 SFC 功能图

3. 变频器参数设置

变频器参数设置见表 4-4-3。

表 4-4-3 变频器参数设置

序 号	参数代号	参数值	说 明
1	Pr5	30	变频器中速运行频率为30Hz
2	Pr6	20	变频器低速运行频率为20Hz
3	Pr7	5	加速时间为5s
4	Pr8	3	减速时间为3s

【考核标准及评价】

从知识与技能、学习态度与团队意识和工作与职业操守三方面进行综合考核，具体的评价标准见表4-4-4。

表 4-4-4 考核评价表

考核能力	考核方式	评价标准与得分				
		标准	分值	互评	师评	得分
知识与技能 （70分）	教师评价＋ 互评	组态画面是否正确	10分			
		程序运行是否正常	15分			
		通信是否正常	15分			
		电路连接是否正常	15分			
		参数设置是否正确	15分			
学习态度与 团队意识 （15分）	教师评价	学习积极性高，有自主学习能力	3分			
		有分析和解决问题的能力	3分			
		能组织和协调小组活动过程	3分			
		有团队协作精神，能顾全大局	3分			
		有合作精神，热心帮助小组其他成员	3分			
工作与 职业操守 （15分）	教师评价＋ 互评	有安全操作、文明生产的职业意识	3分			
		诚实守信，实事求是，有创新精神	3分			
		遵守纪律，规范操作	3分			
		有节能环保和产品质量意识	3分			
		能够不断自我反思、优化和完善	3分			

【知识链接】

一、输入框构件

单击工具图标**ab|**，在用户窗口内按住鼠标左键不放拖动指针到适当位置，然后松开鼠标左键，在用户窗口内出现 输入框 图案，说明在该位置创建了输入框构件。双击输入框构件，弹出"输入框构件属性设置"对话框，可设置输入框构件相关属性。

输入框构件用于接收用户从键盘输入的信息，并将它转换成适当的形式，赋予实时数据库中所链接的数据对象；输入框构件也可以作为数据输出的构件，显示所链接的数据对象的值。

输入框构件具有激活编辑状态和不激活状态两种工作模式。单击输入框构件，使输入框构件处于激活编辑状态，操作者可以在此框内输入数据对象所需的内容，输入完毕按下 Enter 键，将输入框构件的工作状态转入不激活状态，作为数据输出窗口，显示所链接的数据对象值，并与数据对象的变化保持同步。

1. 基本属性

输入框构件基本属性页面如图4-4-5所示。在"边界类型"栏指定输入框构件的边界形式，其中，"三维边框"使整个界面具有三维效果；对齐方式包括水平对齐和垂直对齐，是指输入框内字符的显示方式；构件外观包括背景颜色、字符颜色及字体等。

2. 操作属性

输入框构件操作属性页面如图4-4-6所示。在"对应数据对象的名称"栏指定输入框构件所链接的数据对象名

图 4-4-5　输入框构件基本属性页面

称，单击右侧问号 ? 按钮可查找已经定义的所有数据对象，双击所要链接的数据对象，即可将其设置在栏内；数值输入的取值范围对数值输入有限制，对显示没有限制，设定了最小值和最大值，即确定了数值输入范围，当输入超过界限值，

则运行时只取设定的界限值；数据格式包括十进制、十六进制、二进制、前导0、四舍五入、密码、自然小数位共六项。

二、脚本程序

脚本程序是组态软件中的一种内置编程语言引擎。当某些控制和计算任务通过常规组态方法难以实现时，使用脚本语言能够增强整个系统的灵活性，解决其常规组态方法难以解决的问题。脚本程序被封装在一个功能构件里，在后台由独立的线程来运行和处理，能够避免由于单个脚本程序的错误而导致整个系统瘫痪。

1. 编辑环境

脚本程序的编辑环境是用户书写脚本语句的地方，脚本程序编辑环境如图4-4-7所示。它主要由脚本程序编辑框、编辑功能按钮、MCGS嵌入版操作对象及函数列表、脚本语句和表达式四部分构成。

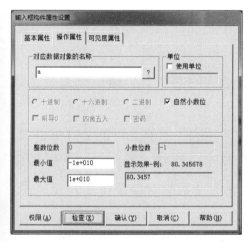

图4-4-6　输入框构件操作属性页面

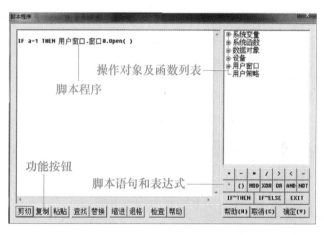

图4-4-7　脚本程序编辑环境

脚本程序编辑框用于书写脚本程序和脚本注释；编辑功能按钮用于实现文本编辑的基本操作，利用这些按钮可以方便地操作和提高编辑速度；脚本语句和表达式列出了三种语句和常用表达式，单击要选用的语句和表达式符号按钮，可在脚本程序编辑框光标位置填上语句或表达式的标准格式；操作对象和函数列表采用树形结构，列出了工程中所有的用户窗口、用户策略、设备、系统变量、系统支持的各种方法、属性以及各种函数，以供用户快速地查找和使用。

2. 语言要素

（1）数据类型　脚本程序语言使用的数据类型有开关型（开或者关）、数值型（在3.4E±38范围内）、字符型（最多512个字符组成的字符串）三种。

（2）变量　数据对象可以被看作脚本程序中的全局变量，在所有的程序段共用，可以用数据对象的名称来读写数据对象的值，也可以对数据对象的属性进行操作。

（3）常量　开关型常量通常用0表示关，用非0表示开；数值型常量包括带小数点或不带小数点的数值；字符型常量为双引号内的字符串。

（4）系统变量　MCGS嵌入版系统定义的内部数据对象作为系统内部变量在脚本程序中可自由使用。在使用系统变量时，变量的前面必须加符号"＄"。

（5）系统函数　MCGS嵌入版系统定义的内部函数在脚本程序中可自由使用。在使用系统函数时，函数的前面必须加符号"！"。

（6）属性和方法　使用对象的方法和属性必须要引用对象，然后使用点操作来调用这个对象的方法或属性。一般情况下，在对象列表框中双击需要的方法和属性，MCGS将自动生成最小可能的表达式。

（7）表达式　由数据对象（包括实时数据库中定义的数据对象、系统内部数据对象和系统函数）、括号和各种运算符组成的运算式称为表达式，表达式的计算结果称为表达式的值。表达式值的类型即为表达式的类型，必须是开关型、数值型、字符型三种类型中的一种。

当表达式中包含逻辑运算符或比较运算符时，表达式的值只可能为0或非0，这类表达式称为逻辑表达式；当表达式中只包含算术运算符，表达式的运算结果为具体的数值时，这类表达式称为算术表达式；常量或数据对象是狭义的表达式，这些单个量的值即为表达式的值。

（8）运算符　算术运算符包括∧（乘方）、＊（乘法）、／（除法）、＼（整除）、＋（加法）、－（减法）；逻辑运算符包括AND（逻辑与）、NOT（逻辑非）、OR（逻辑或）、XOR（逻辑异或）；比较运算符包括＞（大于）、＞＝（大于等于）、＝（等于）、＜＝（小于等于）、＜（小于）、＜＞（不等于）。

（9）运算符的优先级　运算符按照优先级从高到低的排列顺序：括号()、乘方∧、乘除（＊，／，＼）、加减（＋，－）、比较运算符（＜，＞，＜＝，＞＝，＝，＜＞）、逻辑非(NOT)、其他逻辑运算符(AND，OR，XOR)。

3. 基本语句

所有的脚本程序都可由赋值、条件、循环、退出、注释五种语句组成。当需要在一个程序行中包含多条语句时，各条语句之间须用"："分开，程序行也可以是没有任何语句的空行。大多数情况下，一个程序行只包含一条语句，赋值程序行根据需要可在一行放置多条语句。

（1）赋值语句　赋值语句的形式：数据对象 = 表达式。赋值号用"="表示，它的具体含义：把"="右边表达式的运算值赋给左边的数据对象。赋值号左边必须是能够读写的数据对象，赋值号的右边为表达式，表达式的类型必须与左边数据对象值的类型相一致，否则系统会提示"赋值语句类型不匹配"的错误信息。

（2）条件语句　条件语句有如下三种形式：

① If［表达式］Then［赋值语句或退出语句］

② If［表达式］Then

　　　［语句］

　EndIf

③ If［表达式］Then

　　　［语句］

　Else

　　　［语句］

　EndIf

条件语句中的四个关键字"If""Then""Else""EndIf"不分大小写；条件语句允许多级嵌套，最多可以有 8 级嵌套；"If"语句的表达式一般为逻辑表达式，也可以是值为数值型的表达式，但不可以是值为字符型的表达式；当表达式的值为非 0 时，条件成立，执行"Then"后的语句，否则，执行该条件块后面的语句。

（3）循环语句　循环语句为"While"和"EndWhile"，其结构：

While［条件表达式］

［语句］

EndWhile

当条件表达式成立时（非零），循环执行"While"和"EndWhile"之间的语句，直到条件表达式不成立（为零），退出。

（4）退出语句　退出语句为"Exit"，用于中断脚本程序的运行，停止执行其后面的语句。一般在条件语句中使用退出语句，以便在某种条件下停止并退出脚本程序的执行。

（5）注释语句　以单引号"'"开头的语句称为注释语句，注释语句在脚本程序中只起到注释说明的作用，实际运行时，系统不对注释语句做任何处理。

4. 脚本程序查错

脚本程序编制完成后，系统首先对程序代码进行检查，以确认脚本程序的编写是否正确。检查过程中，如果发现脚本程序有错误，则会返回相应的信息，以提示可能的出错原因，帮助用户查找和排除错误。

三、操作权限

MCGS嵌入版系统采用用户组和用户的概念进行操作权限的控制，可以定义多个用户组，每个用户组中可以包含多个用户，同一个用户可以隶属于多个用户组。操作权限的分配是以用户组为单位进行的，即某种功能的操作哪些用户组有权限。而某个用户能否对这个功能进行操作取决于该用户所在的用户组是否具备对应的操作权限。

1. 定义用户和用户组

单击"工具"菜单中的"用户权限管理"命令，弹出"用户管理器"对话框，如图4-4-8所示，有一个固定名为"管理员组"的用户组和一个固定名为"负责人"的用户，它们的名称不能修改，管理员组中的用户有权利在运行时管理所有的权限分配工作，其他所有用户组都没有这些权利。在"用户管理器"对话框中，上半部分为已建立用户的用户名称列表，下半部分为已建立用户组的用户组名称列表。

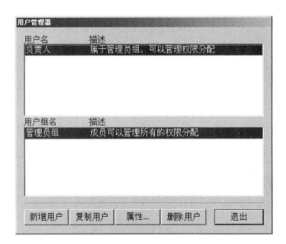

图4-4-8　"用户管理器"对话框

（1）定义用户　单击用户名列表，对话框底部显示"新增用户""复制用户""属性""删除用户""退出"按钮。单击"新增用户"按钮，弹出"用户属性设置"对话框，输入用户名称、用户描述、用户密码及确认密码，选择该用户隶属的用户组，如图4-4-9所示。也可以选中一个用户并双击，弹出"用户属性设置"对话框，进行用户属性修改。

（2）定义用户组　单击用户组名列表，对话框底部显示"新增用户组"

"删除用户组""属性"等按钮。单击"新增用户组"按钮，弹出"用户组属性设置"对话框，输入用户组名称和用户组描述，选择该用户组包含的成员，如图4-4-10所示。也可以选中一个用户组并双击，弹出"用户组属性设置"对话框，进行用户组属性修改。

图 4-4-9　"用户属性设置"对话框

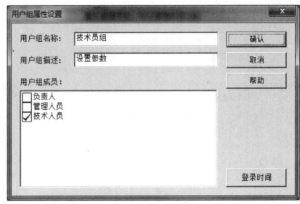

图 4-4-10　"用户组属性设置"对话框

2. 操作权限设置

当动画构件可以设置操作权限时，属性设置对话框都有"权限"按钮，单击该按钮后弹出"用户权限设置"对话框，如图4-4-11所示。在"用户权限设置"对话框中，默认设置为"所有用户"。如果不进行权限组态，所有用户都能对其进行操作；如果需要进行权限设置，则选中对应的用户组，只有该组内的所有用户才能对该项工作进行操作。一个操作权限可以配置多个用户组。

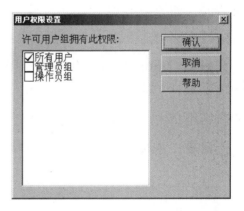

图 4-4-11　"用户权限设置"对话框

3. 运行时改变操作权限

MCGS 嵌入版的用户操作权限在运行时才体现出来，某个用户在进行操作之前首先要进行系统登录，登录成功后该用户才能进行所需的操作，完成操作后退出登录，使操作权限失效。MCGS 嵌入版提供了四个内部函数可以完成用户登录、退出登录、修改密码和用户管理等操作。

（1）! LogOn( )　在脚本程序中执行该函数，弹出"用户登录"对话框，如

图 4-4-12 所示。从"用户名"下拉列表中选取要登录的用户名，在"密码"输入框中输入用户对应的密码，单击"确定"按钮，如输入正确则登录成功，否则会出现对应的提示信息。

（2）！LogOff( ) 在脚本程序中执行该函数，弹出退出登录"提示信息"框，如图 4-4-13 所示，提示是否要退出登录，单击"是"按钮退出，单击"否"按钮不退出。

图 4-4-12 "用户登录"对话框　　　　图 4-4-13 退出登录"提示信息"框

（3）！ChangePassword( ) 在脚本程序中执行该函数，弹出"改变用户密码"对话框，如图 4-4-14 所示，先输入旧密码，再输入两遍新密码，单击"确定"按钮即可完成当前登录用户的密码修改操作。

（4）！Editusers( ) 在脚本程序中执行该函数，弹出"用户管理器"对话框，如图 4-4-15 所示，在运行时，可以新增用户、删除用户、修改用户密码等，但不能新增用户组、删除用户组、修改用户组属性。

注意：只有当前登录的用户属于管理员组时，此功能才有效。

图 4-4-14 "改变用户密码"对话框　　　　图 4-4-15 "用户管理器"对话框

【思考与练习】

一、填空题

1. 输入框构件可以设置_____、_____和_____三个属性。

2. 输入框构件具有_____和_____两种不同的工作模式。

3. MCGS 嵌入版对象和函数列表以_____形式列出了工程中所有的窗口、策略、设备、变量、系统支持的各种_____，以供用户快速地查找和使用。

4. MCGS 嵌入版脚本程序语言使用的数据类型有_____、_____、_____三种。

5. 逻辑运算符包括_____、_____、_____、_____。

6. _____用于中断脚本程序的运行，停止执行其后面的语句。

7. 所有的脚本程序都可由_____、_____、_____、_____、注释语句这五种语句组成。

8. 条件语句中的四个关键字是_____、_____、_____、_____。

9. MCGS 嵌入版系统的操作权限机制采用_____概念来进行操作权限的控制。

10. 当前登录用户属于_____时，在脚本程序中可以执行! Editusers（）函数。

二、判断题

1. 输入框构件只能接受用户从键盘输入的信息，不能够作为数据输出器件，显示所链接的数据对象的值。（　　）

2. 选择"前导0"，当输入的整数位数小于设置的整数位数时，数据通过补零的方式实现设置的整数位数。（　　）

3. 字符型数据类型是最多由 512 个字符组成的字符串。（　　）

4. 在脚本程序中可以对组对象和事件型数据对象进行读写操作。（　　）

5. 使用系统函数时，函数的前面必须加符号"＄"。（　　）

6. 表达式的计算结果称为表达式的值。（　　）

7. 单个数据对象不是表达式。（　　）

8. 注释语句在脚本程序中只起到注释说明的作用，实际运行时，系统不对注释语句做任何处理。（　　）

9. 赋值号右边表达式的类型必须与左边数据对象值的类型相一致。（　　）

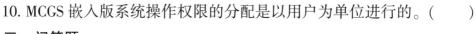

10. MCGS 嵌入版系统操作权限的分配是以用户为单位进行的。(　　)

三、问答题

1. 如何引用对象的方法及属性？

2. 简述运算符的优先级。

3. 系统运行时如何改变操作权限？

项目5

工程实践

任务1　　××生产线灌装设备的组装、编程与调试

【能力目标】

1）能设计 SFC 控制程序；

2）能按照 PLC 接线图正确接线；

3）能正确设置变频器参数；

4）能运用常用的基本功能指令。

【使用材料、工具、设备】（见表 5-1-1）

表 5-1-1　材料、工具及设备清单

名　称	型号或规格	数量	名　称	型号或规格	数量
触摸屏	TPC7062Ti	1 台	编程电缆	SC-9	1 根
计算机	自行配置	1 台	三相减速电动机	40r/min，380V	1 台
传送机构	自行定制	1 套	连接导线	自行定制	若干
按钮模块	自行定制	1 个	电工工具和万用表	自行定制	1 套
可编程控制器	$FX_{3U}-48MR$	1 台	接线端子	根据需要定制	若干
组态软件	MCGS v7.7	1 套			

【学习组织形式】

训练和学习以小组为单位，两人为一小组，共同制订计划并实施，协作完成软硬件的安装及调试。

【任务要求及实施】

一、任务要求

按图 5-1-1 组装设备，接通设备电源后，绿色指示灯闪亮，设备处于初始状态（设备初始状态：机械手气动手臂气缸的活塞杆缩回到位并靠在左限位位置、手臂气缸的活塞杆缩回到位、手爪松开到位；位置 A、B、C 的气缸活塞杆缩回到位；物料转盘、皮带输送机的电动机无转动；蜂鸣器、所有指示灯均不工作）。首先调试检查各运动元件或部件的工作情况，然后按零件检测和零件组装工序完成生产任务。

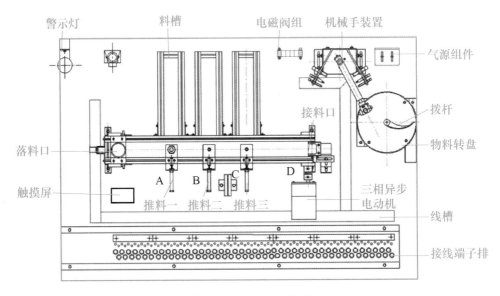

图 5-1-1　设备组装图

在设备控制面板上，SB1～SB3 为自锁按钮、SB4～SB6 为非自锁按钮。

按下按钮 SB1，设备进入调试检查状态，指示灯 HL1、HL3、HL5 按以下规律亮 1s 流水闪烁：HL1→HL3→HL5→HL1、HL3→HL3、HL5→HL1、HL3、HL5→HL1，往复循环，指示设备处在调试检查工作状态。

1. 皮带输送机的调试检查

在调试状态下，当按钮 SB4 第 1 次被按下时，变频器分别以 12Hz→22Hz→35Hz→45Hz→12Hz……的运行频率驱动皮带输送机的电动机从位置 A 向位置 C 运行，运行频率每隔 8s 自动切换，且能循环；当按钮 SB4 第 2 次被按下时，变频器分别以 16Hz→25Hz→42Hz→16Hz……的运行频率驱动皮带输送机的电动机从位置 C 向位置 A 运行，运行频率同样每隔 8s 自动循环切换。皮带输送机运行时，触摸屏调试检查界面实时显示变频器频率。运行时，要求皮带输送机不应有传送带打滑或不运动、跳动过大等异常情况。

2. 推料气缸、机械手及蜂鸣器的调试检查

在调试状态下，当按钮 SB4 第 3 次被按下时，皮带输送机停止，同时推料气缸活塞杆按 A→B→C 位置顺序依次动作一个循环，即 A 位置气缸活塞杆伸出→A 位置气缸活塞杆缩回到位→延时 2s→B 位置气缸活塞杆伸出→B 位置气缸活塞杆缩回到位→延时 2s→C 位置气缸活塞杆伸出→C 位置气缸活塞杆缩回到位；当按钮 SB4 第 4 次被按下时，机械手动作一个循环，即机械手气动手臂伸出到位→气动手臂下降到位→手爪夹紧到位模拟抓取零件→延时 1s→手臂上升到位→气动手臂缩回到位→机械手向右旋转到位→气动手臂伸出到位→手爪松开到位，模拟零件落下→气动手臂缩回到位→机械手向左旋转回原位停止；当 SB4 第 5 次被按下时，蜂鸣器按照响 2s 停 1s 的规律鸣响；当 SB4 第 6 次被按下时，蜂鸣器停止鸣响，同时驱动物料转盘的直流电动机转动，转 3s 后停止；当 SB4 第 7 次及以后被按下时，设备无任何动作，指示灯熄灭，调试检查结束。

注意：调试中若运动元件或部件出现不能正常工作的情况，应予以调整。设备各运动元件或部件检查完毕后，设备必须在规定的初始状态。

触摸屏界面制作的内容和元件摆放位置如图 5-1-2 所示。

本界面实现对设备各运行元件或部件的调试监控。界面上各调试元件、部件未工作时，对应的名称显示框常亮；当某元件或部件工作时，对应的名称显示框闪烁。界面上的调试键与设备控制面板上的按钮 SB4 功能相同，当皮带输送机运行时，调试检查界面应能实时显示变频器频率。

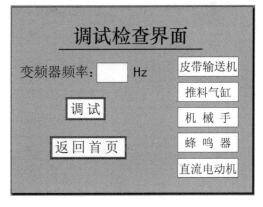

图 5-1-2　触摸屏组态

二、任务实施

1）根据控制要求，按图 5-1-3 进行接线。

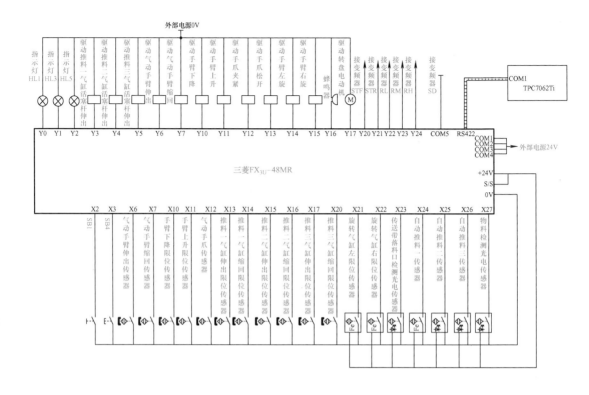

图 5-1-3 设备接线图

2）PLC I/O 分配表设置见表 5-1-2。

表 5-1-2 I/O 分配表

输入端子	功能说明	输出端子	功能说明
X2	自锁按钮 SB1	Y0	指示灯 HL1
X3	非自锁按钮 SB4	Y1	指示灯 HL3
X6	气动手臂伸出到位检测	Y2	指示灯 HL5
X7	气动手臂缩回到位检测	Y3	推料一气缸活塞杆伸出
X10	手臂下降到位检测	Y4	推料二气缸活塞杆伸出
X11	手臂上升到位检测	Y5	推料三气缸活塞杆伸出
X12	气动手爪夹紧到位检测	Y6	气动手臂伸出
X13	推料一气缸伸出到位检测	Y7	气动手臂缩回
X14	推料一气缸缩回到位检测	Y10	手臂下降
X15	推料二气缸伸出到位检测	Y11	手臂上升
X16	推料二气缸缩回到位检测	Y12	手爪夹紧
X17	推料三气缸伸出到位检测	Y13	手爪松开

（续）

输入端子	功能说明	输出端子	功能说明
X20	推料三气缸缩回到位检测	Y14	手臂左转
X21	手臂左限位检测	Y15	手臂右转
X22	手臂右限位检测	Y16	蜂鸣器
X23	落料口检测光电传感器	Y17	直流电动机
X24	推料一传感器	Y20	传送带正转（STF）
X25	推料二传感器	Y21	传送带反转（STR）
X26	推料三传感器	Y22	传送带低速
X27	物料检测光电传感器	Y23	传送带中速
		Y24	传送带高速

3）设置 PLC 全局变量表见表 5-1-3。

表 5-1-3　全局变量表

序号	类	标签名	数据类型	常　量	软元件	地　址	注　释	备　注
1	VAR_GLOBAL	SB1	Bit		X002	%IX2		
2	VAR_GLOBAL	SB4	Bit		X003	%IX3		
3	VAR_GLOBAL	伸出到位	Bit		X006	%IX6		
4	VAR_GLOBAL	缩回到位	Bit		X007	%IX7		
5	VAR_GLOBAL	下降到位	Bit		X010	%IX8		
6	VAR_GLOBAL	上升到位	Bit		X011	%IX9		
7	VAR_GLOBAL	夹紧到位	Bit		X012	%IX10		
8	VAR_GLOBAL	推料一前限	Bit		X013	%IX11		
9	VAR_GLOBAL	推料一后限	Bit		X014	%IX12		
10	VAR_GLOBAL	推料二前限	Bit		X015	%IX13		
11	VAR_GLOBAL	推料二后限	Bit		X016	%IX14		
12	VAR_GLOBAL	推料三前限	Bit		X017	%IX15		
13	VAR_GLOBAL	推料三后限	Bit		X020	%IX16		
14	VAR_GLOBAL	左转到位	Bit		X021	%IX17		

（续）

序号	类	标签名	数据类型	常　量	软元件	地　址	注　释	备　注
15	VAR_GLOBAL	右转到位	Bit		X022	％IX18		
16	VAR_GLOBAL	进料口	Bit		X023	％IX19		
17	VAR_GLOBAL	推料一传感器	Bit		X024	％IX20		
18	VAR_GLOBAL	推料二传感器	Bit		X025	％IX21		
19	VAR_GLOBAL	推料三传感器	Bit		X026	％IX22		
20	VAR_GLOBAL	物料检测光电传感器	Bit		X027	％IX23		
21	VAR_GLOBAL	HL1	Bit		Y000	％QX0		
22	VAR_GLOBAL	HL3	Bit		Y001	％QX1		
23	VAR_GLOBAL	HL5	Bit		Y002	％QX2		
24	VAR_GLOBAL	推料一伸出	Bit		Y003	％QX3		
25	VAR_GLOBAL	推料二伸出	Bit		Y004	％QX4		
26	VAR_GLOBAL	推料三伸出	Bit		Y005	％QX5		
27	VAR_GLOBAL	伸出	Bit		Y006	％QX6		
28	VAR_GLOBAL	缩回	Bit		Y007	％QX7		
29	VAR_GLOBAL	下降	Bit		Y010	％QX8		
30	VAR_GLOBAL	上升	Bit		Y011	％QX9		
31	VAR_GLOBAL	夹紧	Bit		Y012	％QX10		
32	VAR_GLOBAL	松开	Bit		Y013	％QX11		
33	VAR_GLOBAL	左转	Bit		Y014	％QX12		
34	VAR_GLOBAL	右转	Bit		Y015	％QX13		
35	VAR_GLOBAL	蜂鸣器	Bit		Y016	％QX14		
36	VAR_GLOBAL	转盘	Bit		Y017	％QX15		
37	VAR_GLOBAL	正转	Bit		Y020	％QX16		
38	VAR_GLOBAL	反转	Bit		Y021	％QX17		
39	VAR_GLOBAL	低速	Bit		Y022	％QX18		
40	VAR_GLOBAL	中速	Bit		Y023	％QX19		
41	VAR_GLOBAL	高速	Bit		Y024	％QX20		

4）根据 I/O 分配表及定义的全局变量编写 ST 系统控制程序，也可以自行编写。ST 控制程序如下：

```
INCP (M9&M8013&CN1 < >7, CN0);              (* 记流水灯步数* )
INCP (M14 OR SB4, CN1);                      (* 计按钮按下次数* )
IF M9 OR SB1 THEN
CASE CN0 OF                                  (* 流水灯* )
  1:   D91: =1;
  2:   D91: =2;
  3:   D91: =4;
  4:   D91: =3;
  5:   D91: =6;
  6:   D91: =7;
  7:   CN0: =1;
END_ CASE;
CASE  CN1  OF
   1, 2:
OUT (M8013, M20);                            (* 触摸屏相应指示灯闪烁* )
OUT_ T (TS1 =0&CN2 >0, TC1, 80);
INCP (TS1, CN2);
MOV (LDP (1, CN1 =1), 1, CN2);
MOV (LDP (1, CN1 =2), 6, CN2);
RST (ldp (1, CN1 =2), TN1);
MOV (CN2 =5, 1, CN2);
MOV (CN2 =9, 6, CN2);
CASE  CN2  OF                                (* 皮带输送机动作流程* )
  1:   D97: =H11;
  2:   D97: =H12;
  3:   D97: =H13;
  4:   D97: =H14;
  6:   D97: =H25;
  7:   D97: =H26;
  8:   D97: =H27;
END_ CASE;
  3:
OUT (M8013, M21);                            (* 触摸屏相应指示灯闪烁* )
MOV (LDP (1, CN1 =3), h0, D97);
MOV (LDP (1, CN1 =3), 1, CN3);
OUT_ T (TS2 =0&D92 =H15&D93 =h15, TC2, 20);
INCP (推料一前限 OR 推料二前限 OR 推料三前限 OR TS2, CN3);
CASE CN3 OF                                  (* 气缸动作流程* )
```

```
    1:    D92: =H16;
    2:    D92: =H15;
    3:    D92: =H25;
    4:    D92: =H15;
    5:    D92: =H19;
    6:    D92: =H15;
END_ CASE;
    4:
OUT (M8013, M22);      (* 触摸屏相应指示灯闪烁* )
MOV (LDP (1, CN1 =4), 1, CN4);
OUT_ T (CN4 >0&D89 =D90&TS3 =0, TC3, 10);
INCP (TS3, CN4);
CASE CN4 OF                        (* 机械手动作流程* )
    1:    D90: =H55;
    2:    D90: =H59;
    3:    D90: =H69;
    4:    D90: =HA9;
    5:    D90: =H99;
    6:    D90: =H95;
    7:    D90: =H96;
    8:    D90: =H9A;
    9:    D90: =H5A;
    10:   D90: =H56;
    11:   D90: =H55;
END_ CASE;
    5:
OUT (M8013, M23);                  (* 触摸屏相应指示灯闪烁* )
OUT_ T (TS4 =0, TC4, 30);
SET (TN4 >0, 蜂鸣器);
RST (TN4 >20, 蜂鸣器);
    6:
OUT (M8013, M24);                  (* 触摸屏相应指示灯闪烁* )
RST (1, 蜂鸣器);
OUT_ T (CN1 =6, TC5, 30);
SET (TN5 =1, 转盘);
RST (TS5, 转盘);
    7:
RST (1, 转盘);                     (* 停止* )
RST (1, 蜂鸣器);
MOV (1, h0, D97);
MOV (1, 0, CN0);
MOV (1, H0, D91);
```

```
END_ CASE;
END_ IF;
```

【考核标准及评价】

从知识与技能、学习态度与团队意识和工作与职业操守三方面进行综合考核，具体的评价标准见表5-1-4。

表 5-1-4   考核评价表

考核能力	考核方式	评价标准与得分				
		标准	分值	互评	师评	得分
知识与技能 （70 分）	教师评价 + 互评	电路安装是否正确，接线是否规范	10 分			
		皮带输送机运行是否正常	15 分			
		触摸屏参数设置是否正确	15 分			
		变频器参数设置是否正确	15 分			
		通信是否正常	15 分			
学习态度与 团队意识 （15 分）	教师评价	学习积极性高，有自主学习能力	3 分			
		有分析和解决问题的能力	3 分			
		能组织和协调小组活动过程	3 分			
		有团队协作精神，能顾全大局	3 分			
		有合作精神，热心帮助小组其他成员	3 分			
工作与 职业操守 （15 分）	教师评价 + 互评	有安全操作、文明生产的职业意识	3 分			
		诚实守信，实事求是，有创新精神	3 分			
		遵守纪律，规范操作	3 分			
		有节能环保和产品质量意识	3 分			
		能够不断自我反思、优化和完善	3 分			

【知识链接】

三菱 PLC 除了具有 27 条基本指令和 2 条步进顺序控制指令外，还有功能指令。功能指令又称为应用指令，FX_{2N}系列 PLC 具有 128 种，这些功能指令其实就是 PLC 控制的子程序，通过执行特定的功能指令可完成对应子程序的功能，由此来拓展 PLC 的功能和方便编程。由于应用领域的拓展，以及 PLC 硬件技术的发展，功能指令的数量大幅增加，较新型的 FX_{3U} 系列 PLC 的功能指令已达 209 条。

一、数据寄存器 D

D 为 16 位数据寄存器，主要用于位置控制等场合，用来存储数据，以及模拟量检测等，可存储 15 位数据，最高位为符号，可存储数据值范围为 – 32768 ~ 32767。两个数据寄存器合并起来可以存放 32 位数据（双字），在 D0 和 D1 组成的双字数据存储器中，D0 存放低 16 位，D1 存放高 16 位，同样最高位仍为符号位。符号位为 0，数据为正；为 1，则数据为负，如图 5-1-4 所示。

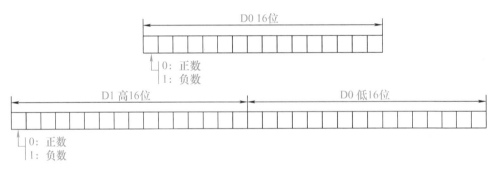

图 5-1-4　数据寄存器的存储方式

三菱 FX_{3U} 系列 PLC 的数据寄存器具体分类见表 5-1-5。

表 5-1-5　数据寄存器具体分类

通用型数据寄存器	停电保持用（可用程序变更）	停电保持专用（不可变更）	特殊用途的数据寄存器	变址寄存器（特殊的 D）
D0 ~ D199 共 200 点	D200 ~ D511 共 312 点	D512 ~ D7999 共 7488 点	D8000 ~ D8105 共 106 点	V0 ~ V7，Z0 ~ Z7 共 16 点

其中，V 和 Z 为 16 位变址寄存器，用来改变软元件的地址，当 V 和 Z 合并组成 32 位操作数时，Z 为低位。

二、指令表达形式

以传送指令为例，传送指令表达式如图 5-1-5 所示。FNC12 是其助记符，见表 5-1-6，每个功能指令都有一个助记符。

S 称为源操作数，内容不随指令的执行而变化，源操作数可以有多个；D

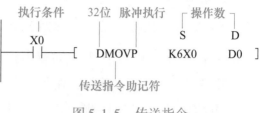

图 5-1-5 传送指令

称为目标操作数，内容将随着指令的执行而变化；操作数通常只有一个。

当执行 32 位数据运算时，则在指令前加 D，脉冲执行的意思就是当 X0 接通时，该指令只在上升沿时执行一次，如果没有 P，则只要 X0 接通，每个扫描周期，该指令均被执行一次。

表 5-1-6 传送指令表

传送指令	FNC 编号	助记符	操作数	
D（32 位）	12	MOV	S（源）	K、H、KnX、KnY、KnM、KnS、T、C、D、V、Z
P（脉冲型）			D（目标）	KnY、KnM、KnS、T、C、D、V、Z

三、操作数

1. 位元件

只具有接通（ON 或 1）或断开（OFF 或 0）两种状态的元件称为位元件。

2. 字元件

字元件是位元件的有序集合。三菱 FX 系列 PLC 的字元件最少为 4 位，最多为 32 位。字元件资源见表 5-1-7。

表 5-1-7 字元件资源

符号	表示内容	说明
KnX□	输入继电器位元件组合的字元件，也称为输入位组件	n 表示组数，取值范围为 1~8，每 4 位为 1 组，X□、Y□、M□、S□表示该组的初始地址
KnY□	输出继电器位元件组合的字元件，也称为输出位组件	
KnM□	辅助继电器位元件组合的字元件，也称为辅助位组件	
KnS□	状态继电器位元件组合的字元件，也称为状态位组件	
T	定时器 T 的当前值寄存器	当前值均存放在系统指定的 D 里面
C	计数器 C 的当前值寄存器	
D	数据寄存器	只有 16 个位元件
V、Z	变址寄存器	

【思考与练习】

一、填空题

1. 三菱 PLC 具有_____条基本指令，_____条步进顺序控制指令。

2. 16 位数据寄存器 D 可存储数据值范围为_____。

3. MOV 是_____指令，用于_____。

4. 电感传感器用于检测_____物体，电容传感器用于检测_____物体，而光电传感器可以检测_____物体。

5. 触摸屏广泛地应用于工业现场，其在工业控制系统中的作用主要有_____和_____。

6. 三菱 FR － E740 型变频器中三个多段速端子 RH、RM 和 RL 组合最多可以实现_____段速。配合 REX 端子，最多可以实现_____段速。

7. 如果需要进行掉电保持，需要使用的状态寄存器是_____；如果需要掉电保持计数结果，需要使用的计数器是_____；如果需要掉电保持定时当前值，需要使用的定时器可能是_____。

8. 请在表 5-1-8 中填写三菱 FX 系列 PLC 数据寄存器的地址区间及功能。

表 5-1-8　题 8 表

名　　称	地址区间	功　　能
一般型数据寄存器（16 位，可变更）		
保持型数据寄存器（16 位，可变更）		
保持型数据寄存器（16 位）		
特殊数据寄存器（16 位）		

9. 请在表 5-1-9 中填写三菱 FR － E740 型变频器与速度有关的参数，并简单介绍其用途。

表 5-1-9　题 9 表

变频器参数	变频器参数含义	变频器参数	变频器参数含义
	多段速设定（高速）		多段速设定（5 速）
	多段速设定（中速）		多段速设定（6 速）
	多段速设定（低速）		多段速设定（7 速）
	多段速设定（4 速）		多段速设定（8 速）

（续）

变频器参数	变频器参数含义	变频器参数	变频器参数含义
	多段速设定（9速）		多段速设定（13速）
	多段速设定（10速）		多段速设定（14速）
	多段速设定（11速）		多段速设定（15速）
	多段速设定（12速）		

二、综合题

自动物料分拣装置的控制要求如下：

1）送电后，工作台上红灯亮，说明系统已处于有电等待工作状态；

2）按启动按钮后，工作台上红灯灭，绿灯亮；传送带运行3s后自动停止，传送带停止后送料机构开始运行。

3）送料机构运行时，当落料口传感器检测到物料时则停止，当送料机构运行10s后落料口传感器未检测到物料时则发出故障报警。

4）当落料口传感器检测到物料时，机械手将物料运到传送带的进料口。

5）当传送带上有物料时，变频器以30Hz的频率驱动电动机运行，当传送带上无物料时，变频器以20Hz的频率驱动电动机运行，当传送带上连续15s无物料则自动停止。

6）要求第一个料槽存放白色塑料物料，第二个料槽存放黑色塑料物料，第三个料槽存放金属物料。

7）当有任何一个物料传送到传送带的尾端时，系统自动停机。

8）当按下急停按钮时，系统立即停止。

9）故障报警的方式是蜂鸣器以2s为周期发出声音报警的同时，红色报警灯闪亮。

任务2　××生产线分拣设备的组装、编程与调试

【能力目标】

1）能实现多种控制方式；

2）能灵活运用触点比较指令；

3）能正确运用PLC元件进行组态。

【使用材料、工具、设备】（见表5-2-1）

表5-2-1　材料、工具及设备清单

名　称	型号或规格	数量	名　称	型号或规格	数量
触摸屏	TPC7062Ti	1台	编程电缆	SC-9	1根
计算机	自行配置	1台	三相减速电动机	40r/min，380V	1台
传送机构	自行定制	1套	连接导线	自行定制	若干
按钮模块	自行定制	1个	电工工具和万用表	自行定制	1套
可编程控制器	FX_{3U}-48MR	1台	接线端子	根据需要定制	若干
组态软件	MCGS v7.7	1套			

【学习组织形式】

训练和学习以小组为单位，两人为一小组，共同制订计划并实施，协作完成软硬件的安装及调试。

【任务要求及实施】

一、任务要求

设备组装图如图5-1-1所示。按下启动按钮，变频器以13~22Hz的频率驱动皮带输送机运行，开始进行元件分拣组装。

从进料口逐个放入工件，要求推入料槽A（对应推料一气缸）中3个白色塑料元件，推入料槽B（对应推料二气缸）中两个黑色塑料元件，推入料槽C（对应推料三气缸）中两个金属元件。

不符合进槽条件的元件，由皮带输送机传送至位置D，当元件到达位置D时，机械手气动手臂伸出→手臂下降→手爪抓取元件→手臂上升→气动手臂缩回→机械手向右转动→气动手臂伸出→手爪松开→元件掉入处理盘内→气动手臂缩回→机械手转回原位后停止。

当处理盘内有3个不相同的零件时，直流电动机转动4s，同时蜂鸣器以2Hz的频率鸣响，直流电动机停2s，然后再转动8s，同时蜂鸣器以1Hz的频率鸣响。

触摸屏界面制作的内容和元件摆放位置如图5-2-1所示。

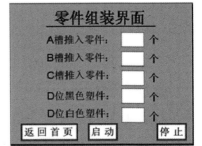

图5-2-1　触摸屏界面

本界面实现对已检测合格零件的分送组装监控。界面上的"启动"键与设备控制面板上的按钮 SB4 功能相同；界面上的"停止"键与设备控制面板上的按钮 SB6 功能相同。本界面要求能实时显示推入 A、B、C 各槽零件数量，实时显示送达 D 位置的不达标白色塑料零件、不达标黑色塑料零件数量。

二、任务实施

1）按图 5-2-2 进行 PLC 接线。

2）按表 5-2-2 为程序分配 I/O。

表 5-2-2　I/O 分配表

输入端子	功能说明	输出端子	功能说明
X0	编码器 A 相	Y3	推料一气缸活塞杆伸出
X1	编码器 B 相	Y4	推料二气缸活塞杆伸出
X3	非自锁按钮 SB4	Y5	推料三气缸活塞杆伸出
X5	非自锁按钮 SB6	Y6	气动手臂伸出
X6	气动手臂伸出到位检测	Y7	气动手臂缩回
X7	气动手臂缩回到位检测	Y10	手臂下降
X10	手臂下降到位检测	Y11	手臂上升
X11	手臂上升到位检测	Y12	手爪夹紧
X12	气动手爪夹紧到位检测	Y13	手爪松开
X13	推料一气缸伸出到位检测	Y14	手臂左转
X14	推料一气缸缩回到位检测	Y15	手臂右转
X15	推料二气缸伸出到位检测	Y16	蜂鸣器
X16	推料二气缸缩回到位检测	Y17	直流电动机
X17	推料三气缸伸出到位检测	Y20	传送带正转（STF）
X20	推料三气缸缩回到位检测	Y21	传送带反转（STR）
X21	旋转气缸左限位检测		
X22	旋转气缸右限位检测		
X23	落料口传感器		
X24	推料一传感器		
X25	推料二传感器		
X26	推料三传感器		
X27	物料检测光电传感器		

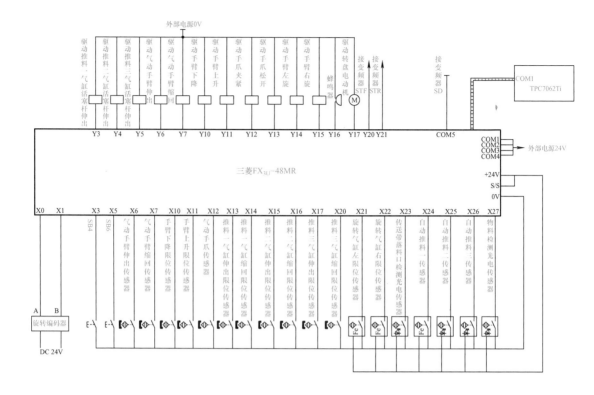

图 5-2-2 设备接线图

3) 按表 5-2-3 设置全局变量。

表 5-2-3 全局变量表

序号	类	标签名	数据类型	常 量	软元件	地 址	注 释	备 注
1	VAR_GLOBAL	编码器 A 相	Bit		X000	%IX0		
2	VAR_GLOBAL	编码器 B 相	Bit		X001	%IX1		
3	VAR_GLOBAL	非自锁按钮 SB4	Bit		X003	%IX3		
4	VAR_GLOBAL	非自锁按钮 SB6	Bit		X005	%IX5		
5	VAR_GLOBAL	气动手臂伸出到位检测	Bit		X006	%IX6		
6	VAR_GLOBAL	气动手臂缩回到位检测	Bit		X007	%IX7		
7	VAR_GLOBAL	手臂下降到位	Bit		X010	%IX8		
8	VAR_GLOBAL	手臂上升到位	Bit		X011	%IX9		
9	VAR_GLOBAL	手爪夹紧到位	Bit		X012	%IX10		
10	VAR_GLOBAL	推料一气缸伸出到位检测	Bit		X013	%IX11		
11	VAR_GLOBAL	推料一气缸缩回到位检测	Bit		X014	%IX12		

（续）

序号	类	标签名	数据类型	常 量	软元件	地 址	注 释	备 注
12	VAR_GLOBAL	推料二气缸伸出到位检测	Bit		X015	% IX13		
13	VAR_GLOBAL	推料二气缸缩回到位检测	Bit		X016	% IX14		
14	VAR_GLOBAL	推料三气缸伸出到位检测	Bit		X017	% IX15		
15	VAR_GLOBAL	推料三气缸缩回到位检测	Bit		X020	% IX16		
16	VAR_GLOBAL	手臂左限位检测	Bit		X021	% IX17		
17	VAR_GLOBAL	手臂右限位检测	Bit		X022	% IX18		
18	VAR_GLOBAL	落料口传感器	Bit		X023	% IX19		
19	VAR_GLOBAL	推料一传感器	Bit		X024	% IX20		
20	VAR_GLOBAL	推料二传感器	Bit		X025	% IX21		
21	VAR_GLOBAL	推料三传感器	Bit		X026	% IX22		
22	VAR_GLOBAL	物料检测光电传感器	Bit		X027	% IX23		
23	VAR_GLOBAL	启动	Bit		M0	% MX0. 0		
24	VAR_GLOBAL	停止	Bit		M2	% MX0. 2		
25	VAR_GLOBAL	推料一气缸活塞杆伸出	Bit		Y003	% QX3		
26	VAR_GLOBAL	推料二气缸活塞杆伸出	Bit		Y004	% QX4		
27	VAR_GLOBAL	推料三气缸活塞杆伸出	Bit		Y005	% QX5		
28	VAR_GLOBAL	气动手臂伸出	Bit		Y006	% QX6		
29	VAR_GLOBAL	气动手臂缩回	Bit		Y007	% QX7		
30	VAR_GLOBAL	手臂下降	Bit		Y010	% QX8		
31	VAR_GLOBAL	手臂上升	Bit		Y011	% QX9		
32	VAR_GLOBAL	手爪夹紧	Bit		Y012	% QX10		
33	VAR_GLOBAL	手爪松开	Bit		Y013	% QX11		
34	VAR_GLOBAL	手臂左转	Bit		Y014	% QX12		
35	VAR_GLOBAL	手臂右转	Bit		Y015	% QX13		
36	VAR_GLOBAL	蜂鸣器	Bit		Y016	% QX14		
37	VAR_GLOBAL	直流电动机	Bit		Y017	% QX15		
38	VAR_GLOBAL	传送带正转	Bit		Y020	% QX16		

（续）

序号	类	标签名	数据类型	常 量	软元件	地 址	注 释	备 注
39	VAR_GLOBAL	传送带反转	Bit		Y021	% QX17		
40	VAR_GLOBAL	A 槽数量	Word [Signed]		D100	% MW 0. 100		
41	VAR_GLOBAL	B 槽数量	Word [Signed]		D101	% MW 0. 101		
42	VAR_GLOBAL	C 槽数量	Word [Signed]		D102	% MW 0. 102		
43	VAR_GLOBAL	检测结果	Word [Signed]		D104	% MW 0. 104		
44	VAR_GLOBAL	距离	Double Word [Signed]					
45	VAR_GLOBAL	机械手启动	Bit					
46	VAR_GLOBAL	机械手完成	Bit					
47	VAR_GLOBAL	步	Word [Signed]					
48	VAR_GLOBAL	金	Word [Signed]					
49	VAR_GLOBAL	白	Word [Signed]					
50	VAR_GLOBAL	黑	Word [Signed]					

4）根据 I/O 分配表及定义的全局变量编写 ST 系统控制程序，也可以自行编写。ST 控制程序如下：

```
OUT_ C_ 32 (1, CC251, 7777777);              (* 启用高速计数器
C251* )
IF 非自锁按钮 SB6 OR 停止 THEN 传送带正转： = 0
  步： = 0
ENDIF
CASE 步 OF
   0:
  RST (1, 推料一气缸活塞杆伸出);              (* 返回初始位置
* )
  RST (1, 推料二气缸活塞杆伸出);
```

```
   RST（1，推料三气缸活塞杆伸出）；
   RST（1，直流电动机）；
   RST（1，蜂鸣器）；
   检测结果：=0；
   RST（1，传送带反转）；
   IF 非自锁按钮 SB4 OR 启动 THEN
      传送带正转：=1；
   END_IF；
   IF 传送带正转 AND 落料口传感器 THEN
      步：=1；
   END_IF；
    1：
   INC（LDP（1，推料一传感器）OR LDP（1，推料二传感器）
         OR LDP（1，推料三传感器），检测结果）；              （* 检测物料
* ）
   MOV（LDF（1，推料三传感器），2，步）；
    2：
   距离：=CN251；              （* 记录物料位置 *）
   IF 检测结果=3  AND  A 槽数量<3 THEN
      步：=5；
   ELSE
   IF 检测结果=2 AND B 槽数量<2 THEN
                                   （*   判断是什么物料并确定去向 *）
      步：=3；
   ELSE
IF 检测结果=1 AND C 槽数量<2 THEN
步：=4；
   ELSE
步：=6；
   END_IF；
   END_IF；
   END_IF；
    3：
（* 白进 A 槽 *）
   传送带反转：=1；
   SET（CN251>=距离+17777& 距离<>0，推料一气缸活塞杆伸出）；
   INCP（推料一气缸活塞杆伸出到位检测，A 槽数量）；
   MOV（推料一气缸活塞杆伸出到位检测，0，步）；
    4：
（* 黑塑进 B 槽 *）
   传送带反转：=1；
   SET（CN251>=距离+11777& 距离<>0，推料二气缸活塞杆伸出）；
   INC（推料二气缸活塞杆伸出到位检测，B 槽数量）；
```

```
   MOV (推料二气缸活塞杆伸出到位检测, 0, 步);
    5:
(* 金属进 C 槽 *)
  传送带反转: =1;
  SET (CN251 > =距离 +777& 距离 < >0, 推料三气缸活塞杆伸出);
  INC (推料三气缸活塞杆伸出到位检测, C 槽数量);
  MOV (推料三气缸活塞杆伸出到位检测, 0, 步);
    6:
  SET (物料检测光电传感器, 机械手启动);        (* 物料检测光电传感器接通, 机械
手启动 *)
  MOVP (机械手启动, 1, C7);
  OUT_ T (D13 =D14&NOT TS16, TC16, 10);
  INCP (TS16, C7);
  MUX_ E (1, CN7, H55, H59, H69, HA9, H99, H95, H96, H9A, H5A,
H56, H55, D13);
  SET (CN7 >5 &D13 =H55, 机械手完成);
  MOV (机械手完成, 7, 步);
    7:
(* 按物料种类分别计数 *)
  RST (1, 机械手启动);
  RST (1, 机械手完成);
  INCP (检测结果 =3, 金);
  INCP (检测结果 =2, 白);
  INCP (检测结果 =1, 黑);
  IF 金 >0 AND 白 >0 AND 黑 >0 THEN     (* 如果有三个不同料, 蜂鸣器响, 否则
返回 *)
    步: =8;
  ELSE
    步: =0;
  END_ IF;
    8:
  OUT_ T (NOT TS201, TC200, 25);
  OUT_ T (TS200, TC201, 25);
  蜂鸣器: =TS200;
  直流电动机: =TN11 < =40;               (* 蜂鸣器以频率 2Hz 发声, 直流电动机
转动 *)
  OUT_ T (1, TC11, 60);
  MOV (TS11, 9, 步);
    9:
  蜂鸣器: =M8013;                (* 蜂鸣器以频率 1Hz 发声  直流电动机转动 8s 后
返回 *)
  直流电动机: =1;
  OUT_ T (1, TC12, 80);
  MOV (TS12, 0, 步);
```

```
END_ CASE;

    手臂左旋：= D13.0;
    手臂右旋：= D13.1;
    气动手臂缩回：= D13.2;
    气动手臂伸出：= D13.3;
    手臂上升：= D13.4;
    手臂下降：= D13.5;
    手爪松开：= D13.6;
    手爪夹紧：= D13.7;

    D14.0：= 手臂左限位检测；
    D14.1：= 手臂右限位检测；
    D14.2：= 气动手臂缩回到位检测；
    D14.3：= 气动手臂伸出到位检测；
    D14.4：= 手臂上升到位；
    D14.5：= 手臂下降到位；
    D14.6：= 手爪松开；
    D14.7：= 手爪夹紧；
```

【考核标准及评价】

从知识与技能、学习态度与团队意识和工作与职业操守三方面进行综合考核，具体的评价标准见表5-2-4。

表5-2-4 考核评价表

考核能力	考核方式	评价标准与得分				
		标准	分值	互评	师评	得分
知识与技能（70分）	教师评价 + 互评	电路安装是否正确，接线是否规范	10分			
		皮带输送机运行是否正常	15分			
		触摸屏参数设置是否正确	15分			
		变频器参数设置是否正确	15分			
		通信是否正常	15分			
学习态度与团队意识（15分）	教师评价	学习积极性高，有自主学习能力	3分			
		有分析和解决问题的能力	3分			
		能组织和协调小组活动过程	3分			
		有团队协作精神，能顾全大局	3分			
		有合作精神，热心帮助小组其他成员	3分			

（续）

考核能力	考核方式	评价标准与得分				
		标准	分值	互评	师评	得分
工作与职业操守（15分）	教师评价+互评	有安全操作、文明生产的职业意识	3分			
		诚实守信，实事求是，有创新精神	3分			
		遵守纪律，规范操作	3分			
		有节能环保和产品质量意识	3分			
		能够不断自我反思、优化和完善	3分			

【知识链接】

一、自加1指令

自加1指令在每次有效信号到来时操作数D自动加1，自加1指令功能见表5-2-5。

表5-2-5 自加1指令功能

自加1指令	FNC编号	助记符		操作数
D（32位）	24	INC	D	KnY、KnM、KnS、T、C、D、V、Z
P（脉冲型）				

注意：

1）INC指令的执行结果不影响零标志位M8020。

2）在实际控制中通常不使用每个扫描周期目标操作数都要加1的连续执行方式。所以，INC指令经常使用脉冲操作方式。

二、自减1指令

使用方法与INC相同，自减1指令功能见表5-2-6。

表5-2-6 自减1指令功能

自减1指令	FNC编号	助记符		操作数
D（32位）	25	DEC	D	KnY、KnM、KnS、T、C、D、V、Z
P（脉冲型）				

三、触点比较指令

该指令将两个操作数进行比较，将比较结果以逻辑状态形式参与到程序能流的运算中，指令中参与比较的变量都按有符号数处理，见表 5-2-7。S1、S2 为待比较的数据源或数据变量单元。

表 5-2-7　触点比较指令功能

名称	FNC 编号	助　记　符	比较条件	逻辑功能
取比较 触点	224	LD =	S1 = S2	S1 与 S2 相等
	225	LD >	S1 > S2	S1 大于 S2
	226	LD <	S1 < S2	S1 小于 S2
	228	LD < >	S1 ≠ S2	S1 与 S2 不相等
	229	LD < =	S1 ≤ S2	S1 小于等于 S2
	230	LD > =	S1 ≥ S2	S1 大于等于 S2
串联比较 触点	232	AND =	S1 = S2	S1 与 S2 相等
	233	AND >	S1 > S2	S1 大于 S2
	234	AND <	S1 < S2	S1 小于 S2
	236	AND < >	S1 ≠ S2	S1 与 S2 不相等
	237	AND < =	S1 ≤ S2	S1 小于等于 S2
	238	AND > =	S1 ≥ S2	S1 大于等于 S2
并联比较 触点	240	OR =	S1 = S2	S1 与 S2 相等
	241	OR >	S1 > S2	S1 大于 S2
	242	OR <	S1 < S2	S1 小于 S2
	244	OR < >	S1 ≠ S2	S1 与 S2 不相等
	245	OR < =	S1 ≤ S2	S1 小于等于 S2
	246	OR > =	S1 ≥ S2	S1 大于等于 S2

【思考与练习】

一、填空题

1. 三菱 FX 系列 PLC 在 SFC 编程中，如要需要禁止所有输出的执行，应该驱动_____，如果需要禁止状态转移，应该驱动_____。

2. INC 和 DEC 指令为循环执行指令，在执行中不会影响标志位_____和_____。

3. 变频调速如果要实现无级调速，速度的给定就需要用_____，PLC 和变频器可以利用通信的方式实现 PLC 的控制和读取变频器的实时_____。

二、问答题

本项目中触摸屏下方显示了菜单栏和任务栏，如何操作才能不显示这两个按钮？

三、综合题

系统有两种工作方式：将转换开关置于左位置为工作方式 1；将转换开关置于右位置为工作方式 2。

工作方式 1：要求第一个料槽为金属料槽，第二个料槽为白色非金属料槽，第三个料槽为黑色非金属料槽。当物料检测光电传感器检测到有物料时，送料电动机停止，机械手臂伸出，手爪下降抓物；然后手爪提升到位，手臂缩回到位后，送料电动机重新工作；手臂向右旋转到右限位，手臂伸出，手爪下降将物料放到传送带上的落料口，然后机械手返回原位重新开始下一个流程。当传送带上仅有一个物料时，传送带电动机高速（$f = 12\text{Hz}$）传送；当传送带上有两个以上的物料时，传送带电动机自动转换为中速（$f = 10\text{Hz}$）传送；当传送带上无物料时，传送带电动机低速（$f = 8\text{Hz}$）运行。当传送带上无物料时间超过 10s 时，红色指示灯每秒闪一次，直到传送带落料口检测到有物料时红色指示灯灭。

工作方式 2：一个完整的元件由一个金属和一个白色塑料物料组成，完整的元件分别放入第 1 位和第 2 位，第 1 位装完后到第 2 位，交替进行。不符合装配要求的物料和黑色物料从第 3 位推出。要求物料传送带由变频器以 15Hz 频率驱动运行。所编写的程序能满足以下条件：①在送料机构下料过程中，机械手不可搬运，物料传送分捡机构不工作；②在机械手搬运过程中，送料机构不允许下料，物料传送分捡机构不工作；③在物料传送分捡机构工作中，送料机构不允许下料，机械手不可搬运。

任务 3　　××生产线配料设备的组装、编程与调试

【能力目标】

1）能建立工程实现触摸屏与 PLC 的数据交换；

2）能正确使用 PLC 的 D 存储器；

3）能正确运用 PLC 元件进行组态；

4）能在触摸屏中修改参数。

【使用材料、工具、设备】（见表 5-3-1）

表 5-3-1　材料、工具及设备清单

名　　称	型号或规格	数量	名　　称	型号或规格	数量
触摸屏	TPC7062Ti	1 台	编程电缆	SC－9	1 根
计算机	自行配置	1 台	三相减速电动机	40r/min，380V	1 台
传送机构	自行定制	1 套	连接导线	自行定制	若干
按钮模块	自行定制	1 个	电工工具和万用表	自行定制	1 套
可编程控制器	FX$_{3U}$－48MR	1 台	接线端子	根据需要定制	若干
组态软件	MCGS v7.7	1 套			

【学习组织形式】

训练和学习以小组为单位，两人为一小组，共同制订计划并实施，协作完成软硬件的安装及调试。

【任务要求及实施】

一、任务要求

设备组装图如图 5-1-1 所示。

1. 设备运行

按下触摸屏上的按钮 SB1 和 SB2，HL1 以亮 2s 灭 1s 的规律闪烁，表示设备处于组装工作状态，此时按下启动按钮 SB4，变频器以 22Hz 频率驱动三相交流异步电动机带动皮带输送机由位置 A 向位置 C 方向运行；组装过程中如需皮带输送机由位置 C 向位置 A 方向送零件时，变频器以 15Hz 频率驱动三相交流异步电动机运行。

2. 放入零件

皮带输送机运行后，从落料口放入检测合格的零件。只有当传送带上的零件被推入料槽或到 D 位置被取走后，才可以从皮带输送机的落料口放入下一个零件。

3. 零件组装

在传送带上的零件由相应位置的气缸活塞杆推出，经料槽分送到零件组装机构（本任务不需组装和调试组装机构）进行组装。设白色金属零件的质量为 10g、白色塑料零件的质量为 20g、黑色金属零件的质量为 30g、黑色塑料零件的质量为 40g，零件的分送要求如下。

1）位置 B 对应的料槽首先推入 4 个零件，4 个零件中必须有且仅有两个相同的金属零件，当到达位置 B 的零件不符合 B 槽要求时，将其视作组装不达标件送到位置 D。只有在 B 槽内的零件达到要求后，后续落料口放入的检测合格零件才能被推入 A 槽和 C 槽，如果零件同时符合推入 A 槽和 C 槽的条件时，可以随机推入 A 槽或 C 槽。

2）推入位置 A 对应的料槽的达标零件：零件的总数不能超过 4 个，零件的总质量必须比 B 槽少 20g。

3）推入位置 C 对应的料槽的达标零件：零件的总数不能超过 6 个，零件的总质量必须是 A 槽的 2 倍。

4）从落料口放入的所有不符合推料条件的零件都送往位置 D；当 A、B、C 槽内的零件达标后，落料口再送入的零件也全都送往位置 D。

所有到达位置 D 的零件均由操作者用手取走，触摸屏实时显示推入 A、B、C 槽零件中所有白色金属的总质量和所有黑色塑料的总质量。

4. 设备停止

在设备运行状态下，按下停止按钮 SB6，设备应完成当前传送带上的零件分送或处理后才可停止。若没有转换工序，再次按启动按钮 SB4 时，设备重新启动，应紧接着 A、B、C 各槽中已有的零件信息继续完成零件组装。

触摸屏界面制作的内容和元件摆放位置如图 5-3-1 所示。

二、任务实施

1）按原理图 5-3-2 进行接线。

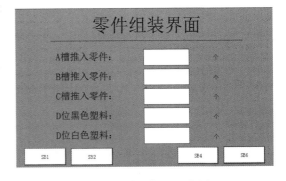

图 5-3-1 触摸屏组态界面

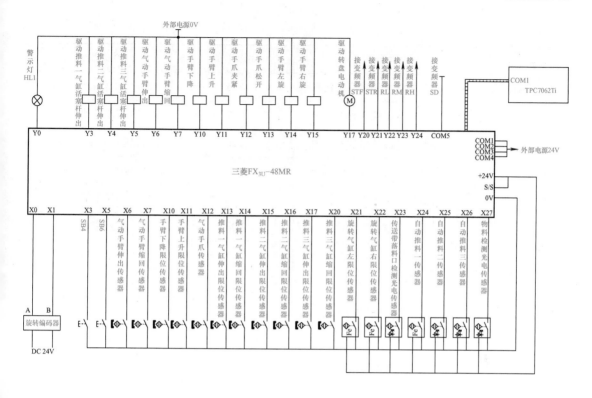

图 5-3-2　设备接线图

2）按图 5-3-2 完成硬件接线后，按表 5-3-2 设置的 I/O 分配表编写程序，并且按表 5-3-3 定义全局变量。

表 5-3-2　I/O 分配表

输入端子	功能说明	输出端子	功能说明
X0	编码器 A 相	Y0	指示灯 HL1
X1	编码器 B 相	Y3	推料一气缸活塞杆伸出
X3	非自锁按钮 SB4	Y4	推料二气缸活塞杆伸出
X5	非自锁按钮 SB6	Y5	推料三气缸活塞杆伸出
X6	气动手臂伸出到位检测	Y6	气动手臂伸出
X7	气动手臂缩回到位检测	Y7	气动手臂缩回
X10	手臂下降到位检测	Y10	手臂下降
X11	手臂上升到位检测	Y11	手臂上升
X12	手爪夹紧到位检测	Y12	手爪夹紧
X13	推料一气缸伸出到位检测	Y13	手爪松开
X14	推料一气缸缩回到位检测	Y14	手臂左转

（续）

输入端子	功能说明	输出端子	功能说明
X15	推料二气缸伸出到位检测	Y15	手臂右转
X16	推料二气缸缩回到位检测	Y17	直流电动机
X17	推料三气缸伸出到位检测	Y20	传送带正转（STF）
X20	推料三气缸缩回到位检测	Y21	传送带反转（STR）
X21	旋转气缸左限位检测	Y22	传送带低速
X22	旋转气缸右限位检测	Y23	传送带中速
X23	落料口传感器	Y24	传送带高速
X24	推料一传感器		
X25	推料二传感器		
X26	推料三传感器		
X27	物料检测光电传感器		

表 5-3-3 全局变量

序号	类	标签名	数据类型	常 量	软元件	地 址	注 释	备 注
1	VAR_GLOBAL	编码器 A 相	Bit		X000	%IX0		
2	VAR_GLOBAL	编码器 B 相	Bit		X001	%IX1		
3	VAR_GLOBAL	SB4	Bit		X003	%IX3		
4	VAR_GLOBAL	SB6	Bit		X005	%IX5		
5	VAR_GLOBAL	气动手臂伸出到位	Bit		X006	%IX6		
6	VAR_GLOBAL	气动手臂缩回到位	Bit		X007	%IX7		
7	VAR_GLOBAL	气动手臂下降到位	Bit		X010	%IX8		
8	VAR_GLOBAL	气动手臂上升到位	Bit		X011	%IX9		
9	VAR_GLOBAL	手爪夹紧到位	Bit		X012	%IX10		
10	VAR_GLOBAL	推料一气缸伸出到位检测	Bit		X013	%IX11		
11	VAR_GLOBAL	推料一气缸缩回到位检测	Bit		X014	%IX12		
12	VAR_GLOBAL	推料二气缸伸出到位检测	Bit		X015	%IX13		
13	VAR_GLOBAL	推料二气缸缩回到位检测	Bit		X016	%IX14		

（续）

序号	类	标签名	数据类型	常　量	软元件	地　址	注　释	备　注
14	VAR_GLOBAL	推料三气缸伸出到位检测	Bit		X017	%IX15		
15	VAR_GLOBAL	推料三气缸缩回到位检测	Bit		X020	%IX16		
16	VAR_GLOBAL	手臂左转到位	Bit		X021	%IX17		
17	VAR_GLOBAL	手臂右转到位	Bit		X022	%IX18		
18	VAR_GLOBAL	落料口传感器	Bit		X023	%IX19		
19	VAR_GLOBAL	推料一传感器	Bit		X024	%IX20		
20	VAR_GLOBAL	推料二传感器	Bit		X025	%IX21		
21	VAR_GLOBAL	推料三传感器	Bit		X026	%IX22		
22	VAR_GLOBAL	物料检测光电传感器	Bit		X027	%IX23		
23	VAR_GLOBAL	HL1	Bit		Y000	%QX0		
24	VAR_GLOBAL	推料一气缸活塞杆伸出	Bit		Y003	%QX3		
25	VAR_GLOBAL	推料二气缸活塞杆伸出	Bit		Y004	%QX4		
26	VAR_GLOBAL	推料三气缸活塞杆伸出	Bit		Y005	%QX5		
27	VAR_GLOBAL	手臂伸出	Bit		Y006	%QX6		
28	VAR_GLOBAL	手臂缩回	Bit		Y007	%QX7		
29	VAR_GLOBAL	手臂下降	Bit		Y010	%QX8		
30	VAR_GLOBAL	手臂上升	Bit		Y011	%QX9		
31	VAR_GLOBAL	手爪夹紧	Bit		Y012	%QX10		
32	VAR_GLOBAL	手爪松开	Bit		Y013	%QX11		
33	VAR_GLOBAL	手臂左转	Bit		Y014	%QX12		
34	VAR_GLOBAL	手臂右转	Bit		Y015	%QX13		
35	VAR_GLOBAL	转盘	Bit		Y017	%QX15		
36	VAR_GLOBAL	传送带正转	Bit		Y020	%QX16		
37	VAR_GLOBAL	传送带反转	Bit		Y021	%QX17		
38	VAR_GLOBAL	电动机低速	Bit		Y022	%QX18		
39	VAR_GLOBAL	电动机中速	Bit		Y023	%QX19		
40	VAR_GLOBAL	电动机高速	Bit		Y024	%QX20		

（续）

序号	类	标签名	数据类型	常 量	软元件	地 址	注 释	备 注
41	VAR_GLOBAL	A 槽总质量	Word [Signed]					
42	VAR_GLOBAL	B 槽总质量	Word [Signed]					
43	VAR_GLOBAL	C 槽总质量	Word [Signed]					
44	VAR_GLOBAL	已进 A 槽	Word [Signed]		D1200	%MW 0.1200		
45	VAR_GLOBAL	已进 B 槽	Word [Signed]		D1201	%MW 0.1201		
46	VAR_GLOBAL	已进 C 槽	Word [Signed]		D1202	%MW 0.1202		
47	VAR_GLOBAL	白金已踢	Word [Signed]					
48	VAR_GLOBAL	黑金已踢	Word [Signed]					
49	VAR_GLOBAL	塑料已踢	Word [Signed]					
50	VAR_GLOBAL	步	Word [Signed]					
51	VAR_GLOBAL	A 槽最大进料	Word [Signed]					
52	VAR_GLOBAL	B 槽最大进料	Word [Signed]					
53	VAR_GLOBAL	C 槽最大进料	Word [Signed]					
54	VAR_GLOBAL	槽号	Word [Signed]					

（续）

序号	类	标签名	数据类型	常　量	软元件	地　址	注　释	备　注
55	VAR_GLOBAL	颜色	Word [Signed]		D1000	%MW 0.1000		
56	VAR_GLOBAL	材质	Word [Signed]		D1001	%MW 0.1001		
57	VAR_GLOBAL	质量	Word [Signed]		D1002	%MW 0.1002		
58	VAR_GLOBAL	位置	Double Word [Signed]		D1003	%MD 0.1003		
59	VAR_GLOBAL	停止	Bit					
60	VAR_GLOBAL	槽距离1	Double Word [Signed]		D2500	%MD 0.2500		
61	VAR_GLOBAL	槽距离2	Double Word [Signed]		D2502	%MD 0.2502		
62	VAR_GLOBAL	槽距离3	Double Word [Signed]		D2504	%MD 0.2504		
63	VAR_GLOBAL	A槽需进	Bit					
64	VAR_GLOBAL	B槽需进	Bit					
65	VAR_GLOBAL	C槽需进	Bit					
66	VAR_GLOBAL	触摸屏SB1	Bit		M10	%MX0.10		
67	VAR_GLOBAL	触摸屏SB2	Bit		M11	%MX0.11		
68	VAR_GLOBAL	触摸屏SB4	Bit		M15	%MX0.15		
69	VAR_GLOBAL	触摸屏SB6	Bit		M16	%MX0.16		
70	VAR_GLOBAL	推料一伸出赋值	Bit		M500	%MX0.500		
71	VAR_GLOBAL	推料二伸出赋值	Bit		M502	%MX0.502		

（续）

序号	类	标签名	数据类型	常 量	软元件	地 址	注 释	备 注
72	VAR_GLOBAL	推料三伸出赋值	Bit		M504	%MX 0.504		
73	VAR_GLOBAL	组装状态	Bit					
74	VAR_GLOBAL	组装中	Bit					

3）根据分配的 I/O 和定义的全局变量编写 ST 控制程序。也可以按理解去编写程序。ST 控制程序如下：

```
组装状态:=触摸屏 SB1 & 触摸屏 SB2;
SET(组装状态,组装中);
RST(NOT 组装状态 &D97=0,组装中);
ZRST(NOT 组装中,D1200,D1204);


IF 组装中 THEN
OUT_T(TS1=0,TC1,30);                    (* 组装灯 *)
SET(TN1>0,D91.0);
RST(TN1>20,D91.0);
MOV(触摸屏 SB4 OR SB4,1,步);
MOV(LDP(1,触摸屏 SB4)OR SB4,4,A 槽最大进料);
MOV(LDP(1,触摸屏 SB4)OR SB4,6,C 槽最大进料);
CASE 步 OF
    0:
    D97:=0;
    RST(1,停止);
    1:                                  (* 检测物料 *)
MOV(步=1,H11,D97);
INCP(推料二传感器,颜色);


INCP(推料一传感器,材质);
DMOV(LDP(1,推料三传感器),CN251,位置);
MOV(LDF(1,推料三传感器),5,步);
```

```
      5:                    (* 判断物料总质量和该进哪个槽*)
MOV(颜色=1&材质=1,10,质量);
MOV(颜色=1&材质=0,20,质量);
MOV(颜色=0&材质=0,30,质量);


IF 已进B<4 THEN
CASE 重量 OF
    10:
      IF 白金已踢=2 THEN
      MOV(1,8,步);
      ELSE
MOV(1,6,步);
SET(1,B槽需进);
          END_IF;
    20,30:
          IF 塑料已踢=2 THEN
          MOV(1,8,步);
          ELSE
MOV(1,6,步);
SET(1,B槽需进);
          END_IF;
END_CASE;
END_IF;


IF 已进B=4 THEN
IF 0<=(A总质量-质量)&(A总质量-质量)<=(3*A槽最大进料-已进A-
1) THEN
MOV(1,6,步);
SET(1,A槽需进);
ELSE IF 0<=(C总质量-质量)&(C总质量-质量)<=(3*C槽最大进料-已进
C-1) THEN
MOV(1,6,步);
SET(1,C槽需进);
```

```
ELSE;
MOV(1,8,步);
END_IF;
END_IF;
END_IF;


    6:                            (* 踢料和算出质量*)
MOV(步=6,h22,D97);
SET(A槽需进&CN251<=位置+槽距离3,推料一伸出赋值);
SET(B槽需进&CN251<=位置+槽距离2,推料二伸出赋值);
SET(C槽需进&CN251<=位置+槽距离1,推料三伸出赋值);
INC(推料二伸出赋值&质量=10,白金已踢);
INC(推料二伸出赋值&(质量=20 OR 质量=30),塑料已踢);


SUB_E(推料一伸出赋值,A槽总质量,质量,A槽总质量);
INC(推料一伸出赋值,已进A槽);
RST(推料一伸出赋值,A槽需进);


ADD_E(推料二伸出赋值,B槽总质量,质量,B槽总质量);
INC(推料二伸出赋值,已进B槽);
RST(推料二伸出赋值,B槽需进);
SUB_E(推料三伸出赋值,C槽总质量,质量,C槽总质量);
INC(推料三伸出赋值,已进C槽);
RST(推料三伸出赋值,C槽需进);
MOV(推料一伸出赋值 OR 推料二伸出赋值 OR 推料伸出赋值,7,步);
    7:                            (* 复位气缸和检测颜色和材质&位置&总质量*)
RST(推料一伸出到位,推料一伸出赋值);
RST(推料二伸出到位,推料二伸出赋值);
RST(推料三伸出到位,推料三伸出赋值);
MOV(LDF(1,推料一伸出赋值)OR LDF(1,推料二伸出赋值)OR LDF(1,推料三伸出赋
值),0,颜色);
MOV(LDF(1,推料一伸出赋值)OR LDF(1,推料二伸出赋值)OR LDF(1,推料三伸出赋
值),0,材质);
```

```
DMOV(LDF(1,推料一伸出赋值)OR LDF(1,推料二伸出赋值)OR LDF(1,推料三伸出
赋值),0,位置);
MOV(LDF(1,推料一伸出赋值)OR LDF(1,推料二伸出赋值)OR LDF(1,推料三伸出赋
值),0,质量);
MOV(LDF(1,推料一伸出赋值)OR LDF(1,推料二伸出赋值)OR LDF(1,推料三伸出赋
值),1,步);
    8:
MOV(D位置传感器,1,步);
MOV(步=8,H11,D97);
INC(质量=30&D位置传感器,D1203);    (* 触摸屏D位黑色工件* )
INC(质量=20&D位置传感器,D1204);    (* 触摸屏D位白色工件* )


END_CASE;
END_IF;


IF LDP(1,已进B=4)THEN
A总质量:=B总质量-20;
C总质量:=A总质量* 2;
END_IF;


OUT_C_32(1,CC251,999999);
SET(SB6 OR NOT 组装状态,停止);
MOV(停止 & 步=1,0,步);
```

【考核标准及评价】

　　从知识与技能、学习态度与团队意识和工作与职业操守三方面进行综合考核，具体的评价标准见表5-3-4。

表5-3-4　考核评价表

考核能力	考核方式	评价标准与得分				
		标准	分值	互评	师评	得分
知识与技能（70分）	教师评价+互评	电路安装是否正确，接线是否规范	10分			
		皮带输送机运行是否正常	15分			

（续）

考核能力	考核方式	评价标准与得分				
		标准	分值	互评	师评	得分
知识与技能 （70分）	教师评价＋ 互评	触摸屏参数设置是否正确	15分			
		变频器参数设置是否正确	15分			
		通信是否正常	15分			
学习态度与 团队意识 （15分）	教师评价	学习积极性高，有自主学习能力	3分			
		有分析和解决问题的能力	3分			
		能组织和协调小组活动过程	3分			
		有团队协作精神，能顾全大局	3分			
		有合作精神，热心帮助小组其他成员	3分			
工作与 职业操守 （15分）	教师评价＋ 互评	有安全操作、文明生产的职业意识	3分			
		诚实守信，实事求是，有创新精神	3分			
		遵守纪律，规范操作	3分			
		有节能环保和产品质量意识	3分			
		能够不断自我反思、优化和完善	3分			

【知识链接】

一、加法指令

1）加法运算是代数运算，加法指令程序如图 5-3-3 所示，指令功能见表 5-3-5。

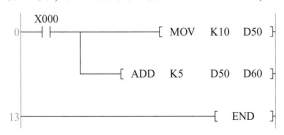

图 5-3-3　加法指令程序

2）当相加结果为 0 时，则零标志位 M8020 = 1，可用来判断两个数是否为相反数。

3）加法指令可以进行 32 位操作。

图 5-3-3 中，该指令执行后，D60 = 15。

表 5-3-5　加法指令功能

加法指令	FNC 编号	助记符	操作数	
D（32 位）	20	ADD	S1、S2	K、H、KnX、KnY、KnM、KnS、T、C、D、V、Z
P（脉冲型）			D	KnY、KnM、KnS、T、C、D、V、Z

二、减法指令

1）减法运算是代数运算，减法指令功能见表 5-3-6。

2）当相减结果为 0 时，则零标志位 M8020 = 1，可用来判断两个数是否相等。

3）SUB 可以进行 32 位操作，如指令语句：DSUB　　D0　D10　D20。

表 5-3-6　减法指令功能

减法指令	FNC 编号	助记符	操作数	
D（32 位）	21	SUB	S1、S2	K、H、KnX、KnY、KnM、KnS、T、C、D、V、Z
P（脉冲型）			D	KnY、KnM、KnS、T、C、D、V、Z

三、乘法指令

1）乘法运算是代数运算，乘法指令功能见表 5-3-7。

2）16 位数乘法：源操作数 S1、S2 是 16 位，目标操作数 D 占用 32 位。

表 5-3-7　乘法指令功能

乘法指令	FNC 编号	助记符	操作数	
D（32 位）	22	MUL	S1、S2	K、H、KnX、KnY、KnM、KnS、T、C、D、V、Z
P（脉冲型）			D	KnY、KnM、KnS、T、C、D、V、Z

四、除法指令

1）除法运算是代数运算，除法指令功能见表 5-3-8。

2）16 位数除法：源操作数 S1、S2 是 16 位，目标操作数 D 占用 32 位。除法运算的结果商存储在目标操作数的低 16 位，余数存储在目标操作数的高 16 位中。

3）32 位数除法：源操作数 S1、S2 是 32 位，但目标操作数 D 占用 64 位。除法运算的结果商存储在目标操作数的低 32 位，余数存储在目标操作数的高 32 位。

表 5-3-8　除法指令功能

除法指令	FNC 编号	助记符	操作数	
D（32 位）	23	DIV	S1、S2	K、H、KnX、KnY、KnM、KnS、T、C、D、V、Z
P（脉冲型）			D	KnY、KnM、KnS、T、C、D、V、Z

五、比较指令

1）比较指令中的所有的源操作数据都按二进制数值处理，比较指令程序如图 5-3-4 所示，指令功能见表 5-3-9。

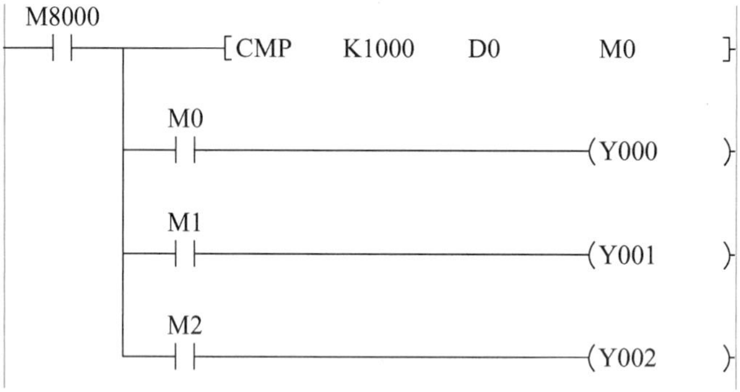

图 5-3-4　比较指令程序

2）对于多个比较指令，其目标操作数 D 也可以指定为同一个元件，但每执行一次，比较指令目标操作数 D 的内容都发生变化。

在图 5-3-4 所示程序中，当 K1000 > D0 时，M0 接通，Y000 的状态为 1，M1 和 M2 断开；当 K1000 = D0 时，M1 接通，Y001 的状态为 1，M0 和 M2 断开；当 K1000 < D0 时，M2 接通，Y002 的状态为 1，M0 和 M1 断开。

表 5-3-9　比较指令功能

比较指令	FNC 编号	助记符	操作数	
D	10	CMP	S1、S2	K、H、KnX、KnY、KnM、KnS、T、C、D、V、Z
P			D	Y、M、S

【思考与练习】

一、填空题

1. 变频器在降频调速时，不但改变了其输出频率，而且还改变了其输出_____。

2. PLC 的输出有三种形式，继电器输出可用于控制_____负载，晶体管输出可用于控制_____负载，晶闸管输出可用于控制_____负载。

3. 触摸屏与外设通信的端口非常丰富，主要有 USB 端口、_____端口_____端口和_____端口等。

4. 三菱 FX 系列 PLC 的下载口为 8 针圆口，其接口协议为_____，同时还可以通过扩展板或扩展模块扩展_____接口、_____接口或_____接口。

5. 三菱 FX 系列 PLC 的 SFC 编程中，不相邻的状态之间可以转移，但状态转移不能使用 SET 指令，而要使用_____指令。

二、问答题

1. 除法运算需要占用多少个 D 存储器？

2. 零标志位 M8020 的作用是什么？

3. 在比较指令中，将 M0 改为其他辅助继电器的结果是什么？

参 考 文 献

［1］ 唐修波．变频技术及应用：三菱［M］.2 版．北京：中国劳动社会保障出版社，2014.

［2］ 周建清．机电一体化设备组装与调试技能训练［M］.北京：机械工业出版社，2021.

［3］ 赵杰．三菱 FX/Q 系列 PLC 工程实例详解［M］.北京：人民邮电出版社，2019.

［4］ 刘长国．MCGS 嵌入版组态应用技术［M］.北京：机械工业出版社，2017.

［5］ 杨少光．机电一体化设备的组装与调试［M］.南宁：广西教育出版社，2012.

［6］ 袁勇．变频器技术应用与实践［M］.西安：西安电子科技大学出版社，2018.